DIE DEUTSCHEN UHRENMARKEN

IM PORTRÄT

IMPRESSUM

HEEL Verlag GmbH
Gut Pottscheidt
53639 Königswinter
Telefon 02223 9230-0
Telefax 02223 923026
info@heel-verlag.de
www.heel-verlag.de

Verantwortlich für den Inhalt:
Peter Braun
Iris Wimmer-Olbort

Lektorat:
Jürgen Schlegelmilch

Fotonachweis:
Archiv HEEL Verlag

Lithographie, Satz und Gestaltung:
Axel Mertens, HEEL Verlag

Printed in Slovakia

ISBN: 978-3-95843-158-4

Peter Braun | Iris Wimmer-Olbort

DIE DEUTSCHEN UHRENMARKEN

IM PORTRÄT

HEEL

INHALT

L

M

N

P

R

S

T

U

V

W

Y

Z

BORGWARD

DEFAKTO

Degussa
AUTOMATIC

NEUHAUS
JANUS

ARCHIMEDE
HANDAUFZUG

UNO

HANDMADE GERMANY
MANUFAKTUR
KALIBER „WERK 1"

Kendō
SWISS MADE

JAEGER & BENZINGER
BADEN-BADEN

PLATINUM

Glashütte
ORIGINAL

NOMOS
GLASHÜTTE

VORWORT

Es ist geschafft: Am Ende unserer fleißigen Daten-Sammelaktion haben wir einmal zusammengezählt und sind tatsächlich erstmals auf über 100 deutsche Uhrenmarken gekommen. Und weil wir bei der Auswahl ziemlich strenge Maßstäbe anlegten, darf man an dieser Stelle mit Fug und Recht den Begriff «made in Germany» im Schilde führen. Die meisten Uhrenhersteller in Deutschland nehmen es mit den Vorschriften zur Erteilung dieses Qualitätsprädikats sehr genau und weisen gerne stolz darauf hin, dass sie die Vorgaben sogar deutlich übertreffen. Neben der Uhrenindustrie hat sich in Deutschland nämlich auch eine blühende Zuliefererlandschaft entwickelt, die mit ihren größtenteils hochwertigen Gehäusen, Bändern, Zifferblättern und Zeigern das Erscheinungsbild der Armbanduhren «made in Germany» positiv beeinflussen.

Über die letzten Jahre hat sich Deutschland wieder zu einem international bedeutenden Uhrenstandort gemausert. Die viel beachtete Renaissance der traditionsreichen Uhrenindustrie in Glashütte wirkte nach der Wiedervereinigung wie ein Katalysator für die Branche, die noch immer unter dem Kahlschlag in der Quarzkrise in den 1980er Jahren zu leiden hatte. Der überraschende Erfolg der Glashütter Marken ermunterte auch im Westen zahlreiche Uhrmacher zur Selbständigkeit, und mit der neu erwachten Popularität mechanischer Uhren entwickelte sich wieder ein Preisgefüge, das auch kleinen, handwerklich strukturierten Unternehmen ein Auskommen ermöglicht. So hat sich innerhalb von knapp fünfundzwanzig Jahren in Deutschland eine abwechslungsreiche und vielgestaltige Uhren-Landschaft herausgebildet, in der Armbanduhren zu Preisen von wenigen Hundert Euro bis weit über 100.000 Euro entstehen und auf dem Weltmarkt verkauft werden.

Das vorliegende Buch zeigt nur eine Momentaufnahme der bewegten und beweglichen einheimischen Uhrenszene im Herbst 2015. Aber es gibt einen Überblick über die Vielschichtigkeit der deutschen Uhrenszene, ihrer Produkte und ihrer Protagonisten von den Einzelkämpfern über die Familienbetriebe und mittelständischen Unternehmen bis hin zu den Tochtergesellschaften internationaler Holdings.

Wir wünschen Ihnen viel Vergnügen auf Ihrer Entdeckungsreise durch das Armbanduhrenland.

Peter Braun

Iris Wimmer-Olbort

A. LANGE & SÖHNE

Der Dresdner Uhrmacher Ferdinand Adolph Lange legte mit der Gründung seiner Uhrenmanufaktur 1845 den Grundstein für die sächsische Feinuhrmacherei. Seine hochwertigen Taschenuhren sind bei Sammlern in aller Welt noch immer heiß begehrt. Nach dem Zweiten Weltkrieg wurde das Unternehmen enteignet, und der Name A. Lange & Söhne geriet beinahe in Vergessenheit. Doch dann wagte Walter Lange, der Urenkel von F. A. Lange, den Neubeginn: Am 7. Dezember 1990, auf den Tag genau 145 Jahre nach der Erstgründung, meldete er die Marke A. Lange & Söhne in seiner alten Heimat wieder an.

Die Lange Uhren GmbH fertigt alle Manufakturkaliber selbst in Glashütte. Nach der ersten Ideenfindung durch Designer, Konstrukteure und Technologen durchlaufen hauseigene Prototypen umfangreiche und langwierige Tests im Prüflabor. Sämtliche Rohteile werden in hauseigenen CNC-Werkstätten gedreht, gefräst und erodiert. Im Anschluss beginnen Entgrater, Finisseure und Graveure damit, in aufwendiger Handarbeit Werkteile zu vollenden und für die Uhrwerkmontage vorzubereiten. Die Uhrwerke entstehen in mehreren Montage-Etappen (Vor-, Erst- und Zweitmontage) aus verschiedenen Baugruppen, die in der Endmontage terminiert werden. Auch aufwendigste Montagen und Justagen, wie die der komplizierten Ewigen Kalender, der Schleppzeiger-Chronographen oder der Tourbillons, werden neben Feinreglage, Werkkontrolle und Uhren-Endkontrolle im Haus selbst durchgeführt.

Die Uhrwerke werden von Hand dekoriert und montiert sowie in fünf Lagen feinreguliert. Die charakteristische Dreiviertelplatine und alle tragenden Werkelemente bestehen aus naturbelassenem Neusilber, der Unruhkloben wird für jedes Modell frei von Hand graviert. Die Uhrwerke warten mit traditionellen Elementen und gleichermaßen mit patentierten Innovationen auf, wie zum Beispiel dem Lange-Großdatum, dem SAX-0-MAT mit «Zero-Reset», oder mit patentiertem Nachspannwerk (Lange 31, Lange Zeitwerk). Von den über 50 entwickelten Kalibern befinden sich aktuell um die 30 in Produktion, gut zwei Drittel davon ausgestattet mit einer hauseigenen Unruhspirale. 600 Mitarbeiter fertigen pro Jahr nur wenige Tausend Armbanduhren aus Gold oder Platin.

Neben dem historischen Lange-Stammhaus an der zentralen Straßenkreuzung von Glashütte erstrecken sich die Produktions- und Verwaltungsgebäude der Manufaktur inzwischen zu beiden Seiten der Altenberger Straße. Der über einen Brückengang mit dem alten Komplex verbundene Neubau bietet seit seiner Einweihung im Jubiläumsjahr 2015 (200. Geburtstag von F. A. Lange, 25 Jahre seit der Neugründung) auf 5400 Quadratmetern moderne Arbeitsplätze für Uhrmacher und fasst die komplette Teilefertigung unter einem Dach zusammen.

Von oben links im Uhrzeigersinn: Das Lange-Stammhaus in Glashütte; Blick in die Uhrmacherei; Montage des Schleppzeiger-Chronographenwerks; das neue Manufakturgebäude mit seiner umweltfreundlichen Haustechnik; Walter Lange, Urenkel des Gründers.

SWATCH GROUP

Alles selbst erdacht, alles selbst gemacht: Vom Tourbillon «Pour le Mérite» bis zum Emailzifferblatt der Edition «Handwerkskunst». Rechte Seite: Das Erfolgsmodell Lange 1 und der CEO Wilhelm Schmid.

LANGE UHREN GMBH

ANSCHRIFT: Ferdinand-Adolph-Lange-Platz 1, 01768 Glashütte

TELEFON: 035053 440

E-MAIL: info@lange-soehne.com

HOMEPAGE: www.alange-soehne.com

GRÜNDUNG: 1990

MITARBEITER AM ORT: ca. 600

JAHRESPRODUKTION: k. A.

VERTRIEBSSTRUKTUR: Fachhandel, 13 eigene Boutiquen

A. MANTEI

«Ich stelle jede Uhr nur einmal her», sagt Armin Mantei, für den es selbstverständlich ist, dass seine Kunden mit ihm als Erbauer ihres individuellen Zeitmessers engen Kontakt wünschen. Immerhin ist nicht nur das Design einzigartig, sondern auch die Fertigung, da zahlreiche Einzelteile von Hand hergestellt werden. Beim Edelstahlmodell Acrux sind das zum Beispiel Zeiger, Namensschild und Wappen aus Gelbgold sowie der handgravierte, mit Emaille ausgelegte Rotor; das mattierte Stahlzifferblatt ist handgebläut. Die Uhr „Cor Caroli" hat ein handgefertigtes Silbergehäuse und ein Zifferblatt aus Holz und Stahl mit Handgravur. Bei Uhrwerken setzt Mantei auf Bewährtes: Als Basis dienen ETA-Kaliber, die in der eigenen Werkstatt überarbeitet werden. Der Verkauf der Uhren findet ausschließlich im eigenen Ladengeschäft in Itzehoe statt, wo die Mantei-Unikate für Preise zwischen 2000 und 6500 Euro angeboten werden.

JUWELIER ARMIN MANTEI

ANSCHRIFT: Feldschmiede 79, 25524 Itzehoe

TELEFON: 04821 2542

E-MAIL: info@a-mantei.de

HOMEPAGE: www.a-mantei.de

GRÜNDUNG: 1999

MITARBEITER AM ORT: 3

JAHRESPRODUKTION: k. A.

VERTRIEBSSTRUKTUR: Verkauf im eigenen Ladengeschäft

Links Automatikuhr Cor Caroli von Armin Mantei mit Sterlingsilber-Gehäuse; rechts Automatikuhr Acrux mit handgefertigten Golddetails und -zeigern.

ABELER & SÖHNE

Trends erkennen und setzen: Das ist das Ziel des Unternehmens Carl Engelkemper Münster, das Juwelieren Schmuck- und Uhrenkollektionen anbietet und sie bei der Vermarktung unterstützt. Zum Sortiment gehört auch die eigene Uhrenmarke Abeler & Söhne. Der Name ist eine Reminiszenz an die Familie Abeler, in deren Händen die unternehmerische Verantwortung für das Haus Engelkemper seit 1936 liegt. Die Uhrenkollektion in klassischem, zeitlosen Design wird klar mit ihrer deutschen Herkunft vermarktet – auf den Zifferblättern prangt «made in Germany». Damit stehe Abeler & Söhne «für exzellente Verarbeitung, hohe Präzision und klassisch zeitloses Design mit der Liebe zu außergewöhnlichen Details», heißt es aus dem Unternehmen. Alle Uhren sind mit Saphirglas ausgestattet; Automatikmodelle haben einen Boden aus Mineralglas. Uhrwerke werden in der Schweiz bezogen: Bei Automatikuhren setzt man auf ETA-Kaliber, Handaufzuguhren sind mit Unitas-Kalibern ausgestattet, Quarzwerke stammen von Ronda. Quarzuhren dominieren die Kollektion, deren Preise von 169 bis 999 Euro reichen.

Quarz-Chronographen aus der Kollektion von Abeler & Söhne, jeweils mit Edelstahlgehäuse pur oder goldfarben beschichtet an Edelstahl- oder Lederarmband.

CARL ENGELKEMPER GMBH & CO. KG

ANSCHRIFT: Lindberghweg 144, 48155 Münster

TELEFON: 0251 660-0

E-MAIL: info@engelkemper.de

HOMEPAGE: www.abeler-soehne.de

GRÜNDUNG: 1860

MITARBEITER AM ORT: 140

JAHRESPRODUKTION: ca. 5000 Uhren

VERTRIEBSSTRUKTUR: Fachhandel

PREISLAGE: 169 bis 999 Euro

© Ivelin Chulakov for Primetime Magazin

Alexander Shorokhov, Inhaber der Marke Shorokhoff

ALEXANDER SHOROKHOFF

Seit fast 25 Jahren hat die Alexander Shorokhoff Uhrenmanufaktur ihren Sitz im bayerischen Alzenau. Für Unternehmensgründer, Geschäftsführer und Designer Alexander Shorokhov ein klares Bekenntnis zum Standort Deutschland. «‹Made in Germany› ist unser Anspruch und gibt unseren Kunden Sicherheit», sagt Shorokhov. Der gebürtige Moskauer hatte in Deutschland zunächst eine Uhren-Vertriebsfirma aufgebaut und Poljot-Uhren importiert. Mit der Schaffung einer eigenen Produktion erfolgte schließlich die Gründung der Marke Alexander Shorokhoff – in der traditionsreichen «französischen» Schreibweise, mit der schon Smirnoff, Romanoff und Davidoff signierten. Die Uhrwerke der Marke werden in Alzenau komplett demontiert, technisch optimiert, kunsthandwerklich veredelt und sorgfältig remontiert; zudem werden einzelne selbst entwickelte Module hergestellt und montiert. Die so gefertigten Uhren teilen sich in zwei Kollektionen auf: Avantgarde umfasst junge Modelle, in denen man ganz auf Design setzt und deren Preise bis 2500 Euro reichen. Beispiel für das ausgefallene Design der Linie ist die Miss Avantgarde mit buntem Zifferblatt und Rochenlederband. Hingegen orientiert sich die klassische Linie Heritage an nostalgischen Elementen und bietet Uhren, die bis etwa 25.000 Euro kosten. Auch hier sorgen ausgefallene Details für einen unverwechselbaren Stil, wie zum Beispiel an dem Chronographen Fedor Dostoevsky zu sehen ist.

Links: Automatikuhr Miss Avantgarde mit graviertem Rotor in Edelstahlgehäuse. Rechts die Automatikuhr Barbara, gewidmet der deutschen Jazzmusikerin Barbara Dennerlein.

Oben: Chronograph «Fedor Dostoevsky» mit graviertem Soprod-Uhrwerk sowie Roulettetisch-Zifferblatt. Links ein komplett handgraviertes Uhrwerk aus den Ateliers von Alexander Shorokhoff.

ALEXANDER SHOROKHOFF UHREN-MANUFAKTUR GMBH

ANSCHRIFT: Hanauer Straße 25, 63755 Alzenau

TELEFON: 06023 91993

E-MAIL: info@alexander-shorokhoff.de

HOMEPAGE: www.alexander-shorokhoff.de

GRÜNDUNG: 1992

MITARBEITER AM ORT: 15

JAHRESPRODUKTION: 5000–10.000 Uhren

VERTRIEBSSTRUKTUR: Fachhandel

ARISTO

Die Aristo Vollmer GmbH ist ein Traditionsunternehmen und hat ihren Firmensitz in Pforzheim. Vollmer wurde 1922 als Uhrband-Manufaktur gegründet. 1998 übernahm Hansjörg Vollmer, der Enkel des Firmengründers, den Firmenmantel von Aristo, wo bereits seit 1907 Uhrengehäuse und Uhren gefertigt wurden. 2005 schloss er die beiden Firmen zusammen. Im Uhrenbereich werden Produkte unter den Marken Aristo, Messerschmitt, Aristella und Vollmer hergestellt. Aristo ist als Uhrenmarke weltweit geschützt und wird insbesondere in Europa, Asien und Amerika vertrieben. Es werden Quarz- und Automatikuhren sowie Chronographen gefertigt. Die Kollektion ist aufgeteilt in die Bereiche Klassik, Design und Sport. Eine weitere Unterteilung gibt es im Mechanikbereich nach den Elementen Land, Wasser und Luft. In Pforzheim entstehen nicht nur die Designs der Uhren, sondern auch die Montage der Uhren findet hier statt – üblicherweise mit Schweizer Uhrwerken sowie teilweise mit neu aufgearbeiteten Sammlerstücken. Preisgünstige, aber hochwertig ausgestattete Armbanduhren mit historischen mechanischen Uhrwerken aus ehemaliger Schweizer Produktion zählen ebenso selbstverständlich zur Modellpalette wie ansprechende Damenuhren und Repliken klassischer Militäruhren. Vor allem als Fliegeruhren-Produzent hat Aristo sich neben den klassischen europäischen Labels fest etabliert.
Mit dem Uhrenlabel «Erbprinz» hat Aristo einen weiteren Schritt in die höherwertige Uhrmacherkunst vollzogen. Darüber hinaus werden auch noch Metalluhrbänder in der eigenen Manufaktur in der Erbprinzenstraße gefertigt.

Kollektion Black Forest von Erbprinz aus dem Hause Aristo mit Handaufzugswerken. Rechte Seite oben: Automatikuhr mit Carbon-Elementen; unten links automatischer Klassik Chronograph, rechts Automatikuhr Heidelberg von Erbprinz. Alle Uhren mit Edelstahlgehäuse (teilweise PVD-beschichtet).

ARISTO VOLLMER GMBH

ANSCHRIFT: Erbprinzenstraße 36, 75175 Pforzheim

TELEFON: 07231 17031

E-MAIL: info@aristo-vollmer.de

HOMEPAGE: www.aristo-watch.de

GRÜNDUNG: 1907/1998

MITARBEITER AM ORT: 15

JAHRESPRODUKTION: ca. 5000 Uhren (geschätzt)

VERTRIEBSSTRUKTUR: Fachhandel

ASKANIA

Die Berliner Askania-Werke, gegründet 1871 von Zeiss-Schüler Carl Bamberg als Unternehmen für feinmechanische Präzisionsgeräte, hatten sich zur Zeit des letzten deutschen Kaiserreichs und der Weimarer Republik durch die Herstellung von Luftfahrtinstrumenten und Geräten für die ersten deutschen Kinos profiliert. Der Vorstandsvorsitzende der neu gegründeten Firma Askania AG, Leonhard Müller, hat die Marke innerhalb weniger Jahre geschickt und erfolgreich als Symbol für die Zeitmessung in der deutschen Hauptstadt positioniert.

135 Jahre nach ihrer Gründung kehrte die Marke wieder zu ihren Ursprüngen im Stadtteil Friedenau zurück. 2013 erfolgte aus Platzgründen der Umzug zum Lützowplatz nach Berlin-Tiergarten. Zeitgleich wurde die Manufaktur in die Hackeschen Höfe verlegt. Nicht nur die Montage und der Service für die mechanischen Armbanduhren erfolgen jetzt hier, sondern auch die Werkveredelung. Die Uhrwerke stammen vornehmlich aus Schweizer Produktion, jedoch werden im mechanischen Bereich auch japanische Miyota-Kaliber und historische Werke aus deutscher Produktion verwendet – zum Beispiel in limitierten Editionsmodellen wie der Quadriga.

Askania-Neugründer Leonhard Müller (oben), Chronograph Tempelhof (links) und die auf 144 Exemplare limitierte Editionsuhr «Quadriga» 2015 (rechts).

ASKANIA AG

ANSCHRIFT: Lützowplatz 5, 10785 Berlin

TELEFON: 030 200897-0

E-MAIL: info@askania-berlin.de

HOMEPAGE: www.askania-berlin.de

GRÜNDUNG: 1871/2004

MITARBEITER AM ORT: 20

JAHRESPRODUKTION: 5000 Uhren

VERTRIEBSSTRUKTUR: Fachhandel

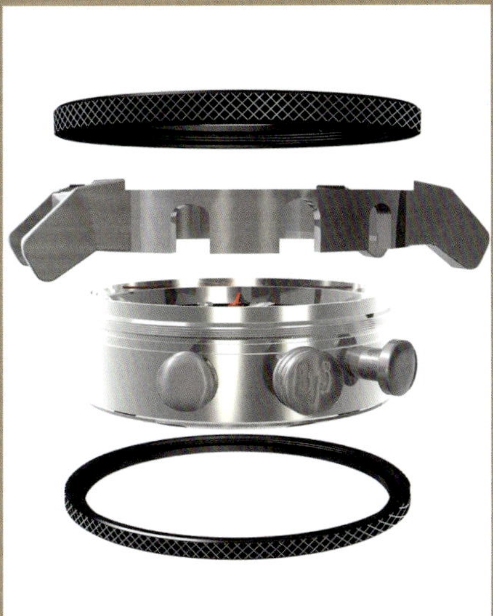

B. JUNGE & SÖHNE

Der Markenname könnte ebenso gut eine freche Wortschöpfung sein, aber nach 1891 ließ der Dresdner Uhrengroßhändler Bernhard Junge in Glashütte von der dort etablierten «Hausindustrie» Uhren remontieren und mit seinem Firmennamen signieren. Viel hat sich nach 120 Jahren nicht geändert: B. Junge & Söhne ist eine Marke der Nova Tempora im rheinland-pfälzischen Meisenheim, aber gleichzeitig ist sie auch eine hochwertige Glashütter Uhrenmarke. Dafür sorgen die von der Firma Mühle-Glashütte bezogenen mechanischen Uhrwerke, die alle Vorgaben der sogenannten «Glashütte-Regel» erfüllen. Zwischenzeitlich wird mit Hochdruck an einem eigenen Manufakturkaliber gearbeitet, das ebenso modular aufgebaut ist wie das Gehäuse und mit verschiedenen Komplikationen bestückt werden kann.

Geniales Konzept: Ohne Werkzeug lassen sich Lünetten, Gehäusemittelteile und Werkcontainer miteinander kombinieren.

NOVA TEMPORA UHREN UND SCHMUCK GMBH

ANSCHRIFT: Saarstr. 9, 55590 Meisenheim

TELEFON: 06753 12583-0

E-MAIL: info@novatempora.de

HOMEPAGE: www.bjunge-soehne.com

GRÜNDUNG: 2010

MITARBEITER AM ORT: k. A.

JAHRESPRODUKTION: k. A.

VERTRIEBSSTRUKTUR: Direktvertrieb, Depots

Jochen Benzinger

BENZINGER

Es ist die Leidenschaft für mechanische Uhren, die Jochen Benzinger antreibt. Anfangs war es nur das Veredeln von Uhrwerken für diverse namhafte Uhrenhersteller, dann kam das erste eigene Unikat – heute sind es pro Jahr ungefähr 100 Unikate, die sein Pforzheimer Atelier verlassen. Charakteristisch für ihn sind dabei die alten Handwerkskünste des Gravierens und Guillochierens, wie sie schon Abraham-Louis Breguet für seine Werke und Zifferblätter einsetzte. Zum Teil über 100 Jahre alte Maschinen, deren Bedienung technisches Verständnis, Erfahrung und Umsicht gleichermaßen erfordert, kommen hier täglich zum Einsatz. Schritt für Schritt entstehen so individuelle Unikate, die sich je nach Ausführung aus einer Kombination von Handguillochieren, Handskelettieren und Handgravieren, unterschiedlicher Vergoldung und handgebläuten Schrauben ergeben. Auch technische Umbauten werden im Hause Benzinger vorgenommen. Das Uhrwerk selbst ist danach oft nicht mehr als das ursprüngliche zu erkennen. Diese Kombination aus traditioneller Handwerkskunst und hauseigenen technischen Umbauten ist weltweit einzigartig.

Die Uhrwerke von Benzinger sind oft nicht nur nach allen Regeln der Kunst skelettiert, sondern auch noch fein ziseliert und mit exotischen Materialien beschichtet. Unten ein Regulator im Roségoldgehäuse mit guillochiertem Zifferblatt, Auf der Seite gegenüber links (oben und unten) die Offene Subskription 4, rechts (oben und unten) die Black Rose Engine mit geschwärzten Gestellteilen.

BENZINGER UHRENUNIKATE «UNIQUE TIMEPIECES»

ANSCHRIFT: Dietlinger Str. 17, 75179 Pforzheim

TELEFON: 07231 464233

E-MAIL: info@jochenbenzinger.de

HOMEPAGE: www.jochenbenzinger.de

GRÜNDUNG: 1985

MITARBEITER AM ORT: 6

JAHRESPRODUKTION:
ca. 100 eigene Uhren und ca. 100 veredelte Uhrwerke für andere Firmen

VERTRIEBSSTRUKTUR: Fachhandel (Kollektion); Direktvertrieb (Einzelanfertigungen)

BETHGE & SÖHNE

Ein bisschen Nostalgie ist immer dabei – in der Kollektion und in der Arbeit der Marke Bethge & Söhne aus dem Hause Uhren und Zifferblätter Richard Bethge. Dafür stehen der Vintage-Stil der Uhrenkollektion, die neben Damen- und Herrenmodellen auch Taschenuhren umfasst, sowie die Bedeutung der Handarbeit, die man stark betont. Neben der eigenen Uhrenkollektion hat sich das Unternehmen auf die Restaurierung historischer Zifferblätter sowie die Einzelanfertigung von Zifferblättern nach Kundenwunsch spezialisiert. Das dafür notwendige Know-how sowie alte Maschinen und Werkzeuge hat man sich in mehr als 75 Jahren Firmengeschichte angeeignet: 1939 wurde das Unternehmen von Richard Bethge gegründet, das mit dem Nachkriegs-Wirtschaftswunder den größten Erfolg erlebte. In den 1960er Jahren beschäftigte der Familienbetrieb mehr als hundert Mitarbeiter. Heute arbeitet die dritte Generation unter der Leitung von Alexander Bethge im Unternehmen und steuert die Marke, für die Uhrwerke zumeist aus der Schweiz sowie Gehäuse und Habillageteile hinzugekauft und im eigenen Haus montiert werden. Seit etwa einem Jahr bietet Bethge & Söhne zudem Uhrenseminare für Uhrenliebhaber, in deren Rahmen nicht nur ein Werk für die eigene Uhr veredelt, sondern auch ein Zifferblatt selbst bedruckt wird.

Oben: Nautica Diver in zwei Farben – bis 30 atm wasserdichte Edelstahluhr mit Automatikwerk. Ebenfalls eine Automatikuhr (unten): Modell Humboldt mit Edelstahlgehäuse und Lederarmband

RICHARD BETHGE GMBH

ANSCHRIFT: Karlstraße 11, 75228 Ispringen

TELEFON: 07231 89182

E-MAIL: info@richard-bethge.com

HOMEPAGE: www.richard-bethge.com

GRÜNDUNG: 1939

MITARBEITER AM ORT: 15

JAHRESPRODUKTION: k. A.

VERTRIEBSSTRUKTUR: Direktvertrieb, Fachhandel

BIFORA

Josef Bidlingmaier gründete um die Jahrhundertwende eine Spezialfabrik für Armbanduhrengehäuse in Schwäbisch Gmünd. Mitte der zwanziger Jahre produzierte Bifora Uhren unter eigenem Markennamen (abgeleitet von BI-dlingmaier FOR-m A-nker) und konnte 1928 das erste in Schwäbisch Gmünd entwickelte und gebaute Uhrwerk präsentieren. Im Interesse bester Qualität und wirtschaftlicher Unabhängigkeit wollte Bidlingmaier am liebsten alle Uhren-Bestandteile vor Ort im eigenen Hause fertigen, was dazu führte, dass Bifora in den 1950er Jahren mit über 1000 Mitarbeitern zu den größten Armbanduhrfabriken in Deutschland zählte. 1951 stellte Bifora als erster deutscher Hersteller ein Automatikuhrwerk vor. Ab Mitte der 1960er Jahre investierte Bidlingmaier in die Entwicklung von elektromechanischen und später auch Quarzwerken. Schon 1967 zeigte man funktionierende Prototypen elektromechanischer Werke, und mit der «flat-line» konnte Bifora 1977 die damals weltweit flachste Quarzuhr mit einer Höhe von nur 2,6 mm vorstellen. Die Marke hielt dem Preisdruck auf dem Weltmarkt jedoch nicht stand und so wurde 1983 die Produktion von Uhren eingestellt.
Seit 2011 wagte ein kleines Team mit der Gründung der Bifora Uhren-Manufaktur GmbH einen Neuanfang und stellte im November 2014 mit der JB-60 die erste Bifora-Uhr seit 30 Jahren vor. Für die Uhren werden 60 originale Kaliber 130 von 1965 verwendet, natürlich generalüberholt und aufwendig veredelt. Alle Teile der Uhr stammen von Zulieferbetrieben aus Deutschland und der Schweiz. So wird z. B. das Gehäuse in Pforzheim und das Armband in Augsburg gefertigt, Zifferblätter und Zeiger kommen aus der Schweiz.

Das neue Modell JB-60 ist mit einem originalen Bifora-Handaufzugswerk aus dem Jahr 1965 ausgestattet. Das 13-linige Kaliber 130 ist natürlich generalüberholt und nach modernen Maßstäben finissiert.

BIFORA UHREN-MANUFAKTUR GMBH

ANSCHRIFT: Boller Straße 37, 73035 Göppingen

TELEFON: 07161 8080108

E-MAIL: info@bifora.eu

HOMEPAGE: www.bifora.eu

GRÜNDUNG: 2011

MITARBEITER AM ORT: k. A.

JAHRESPRODUKTION: k. A.

VERTRIEBSSTRUKTUR: im Aufbau

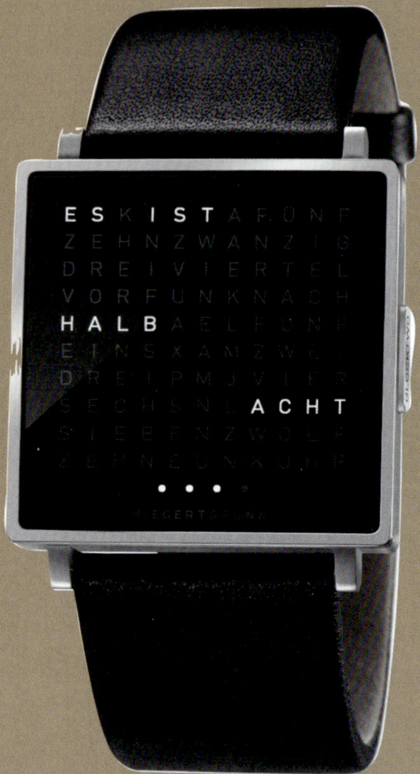

BIEGERT & FUNK

Das kreative Duo aus Schwäbisch Gmünd hat mit der Wanduhr «Qlocktwo» aus dem Stand einen modernen Design-Klassiker geschaffen und sich mit Charme und Witz einen Platz in den Herzen der Innenarchitekten erobert. Vor drei Jahren stellten Marco Biegert und Andreas Funk erstmals auch eine Armbandversion der in ganzen Sätzen «sprechenden» Uhr vor: «Es ist viertel vor zwölf» steht auf dem quadratischen Zifferblatt zu lesen, oder «es ist fünf nach acht» – die nun auf tragbare Dimensionen verkleinerte «Qlocktwo W» zeigt die Zeit auf Knopfdruck auf fünf Minuten genau an, wahlweise auf Deutsch, Englisch oder Französisch. Das unter dem Zifferblatt verborgene Anzeigesystem mit mechanisch geschalteten Schiebern und Blenden ist ein anspruchsvolles Stück Technik «made in Germany», das Uhrwerk kommt aus der Schweiz.

Die Uhren von Marco Biegert und Andreas Funk «sprechen» zu ihren Trägern – je nach Modell in bis zu 19 verschiedenen Sprachen.

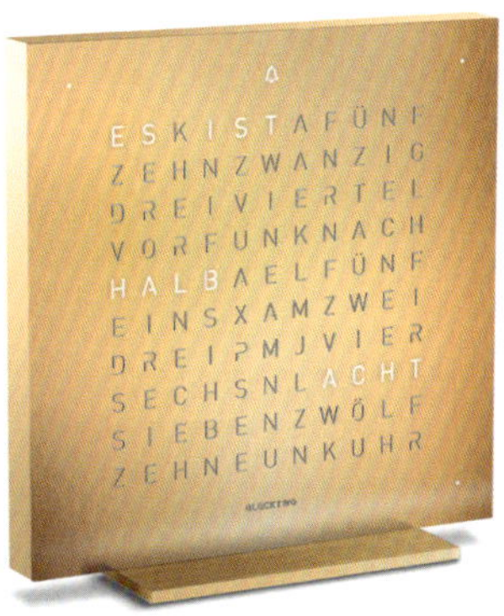

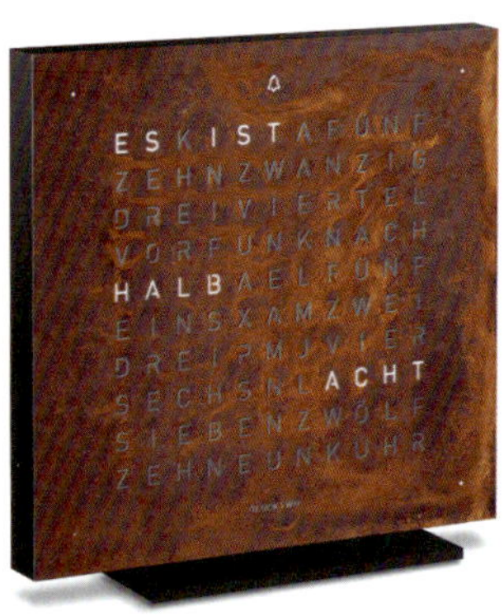

Seit 2012 gibt es mit der Qlocktwo W auch Armbanduhren mit «sprechender» Zeitanzeige.

BIEGERT & FUNK GMBH & CO. KG

ANSCHRIFT: Alemannenstraße 65, 73529 Schwäbisch Gmünd

TELEFON: 07171 104 999-30

E-MAIL: mail@qlocktwo.com

HOMEPAGES: www.biegertfunk.com, www.qlocktwo.com, store.biegertfunk.com

GRÜNDUNG: 2009

MITARBEITER AM ORT: > 30

JAHRESPRODUKTION: k. A.

VERTRIEBSSTRUKTUR: Fachhandel, Direktvertrieb

Diese Rechteckuhr verfügt über ein Wendegehäuse à la Reverso. Die «Würfeluhr» (unten) zeigt die Uhrzeit auf einem kontinuierlich laufenden Band. Die blaue «Lacuna» verfügt über eine springende Stundenanzeige und einen retrograden Minutenzeiger.

BLEITZ

Armbanduhren hatten es dem Feinwerkingenieur Jörg Bleischwitz (geb. 1956) schon seit jeher angetan. Noch während seiner Ausbildung bei Carl Zeiss Jena baute er zuhause am Küchentisch Uhren-Unikate auf der Basis von Ruhla-Armbanduhren – nur so zum Spaß, wie er betont.

Seit der Jahrtausendwende nimmt das einstige Hobby immer professionellere Formen an: Zusammen mit der Fotografin Gudrun Heinze gründete er die Firma Bleitz und ließ 2005 die Wort-Bild-Marke „(Hand)Werk" schützen. Der Fokus liegt auf der Herstellung von Einzelstücken und kleinen Serien, für die Bleitz mitunter ganz neue Formen der Zeitanzeige entwickelt – zum Beispiel ein Endlosband mit Stundenziffern in Form von Würfeln oder einer Sanduhr. Bemerkenswert auch seine Kolbenuhr, die die Uhrzeit in einer Art Schaubild zum Verständnis des Viertaktmotors anzeigt. Dabei bleibt der Begriff „Feinwerktechnik" für den kreativen Tüftler Programm: Jörg Bleischwitz' „H2" verfügt über ein völlig symmetrisch aufgebautes und fein veredeltes Handaufzugwerk.

FEINMECHANISCHE WERKSTATT BLEITZ

ANSCHRIFT: Jenaische Straße 15, 07747 Jena

TELEFON: 03641 820499

E-MAIL: bleitz@arcor.de

HOMEPAGE: www.bleitz.de

GRÜNDUNG: 2001

MITARBEITER AM ORT: 1

JAHRESPRODUKTION: k. A.

VERTRIEBSSTRUKTUR: Direktvertrieb

BONHOFF

Die Bonhoff IP3.0 verlangt ein paar Handgriffe, bevor sie ihrem Träger die Uhrzeit anzeigt. Das spezielle Lederband schränkt die Bedienung der Drehlünette nicht ein.

Hannes Bonhoff ist ein promovierter Ingenieur, der zuvor im Bereich der technischen Akustik geforscht hat. Inspiriert durch die konventionelle Zeitanzeige bei Armbanduhren begann er 2005 mit der Entwicklung von Anzeigekonzepten und reichte 2006 seine erste Patentanmeldung ein. Mit vier erteilten Patenten und weiteren Anmeldungen ließ er eine aussichtsreiche Karriere in der Forschung hinter sich und gründete 2012 in Berlin die Marke Bonhoff, um seine Erfindungen Gestalt werden zu lassen. Nach zwei Jahren Entwicklung und Prototyping debütierte die Bonhoff IP3.0, eine unkonventionelle mechanische Uhr mit einem vollständig integrierten Lederarmband und einer interaktiven Zeitanzeige. Die Zeit wird durch Verdrehen der Lünette gelesen, indem die Kreise der Anzeige in Übereinstimmung gebracht werden. So wie bei konventionellen Uhren der große Zeiger die Minute und der kleine Zeiger die Stunde anzeigt, stehen hier die großen Kreise für die Minute und die kleinen Kreise für die Stunde.
Da konventionelle Bandanstöße die Finger beim Drehen der Lünette stören, hat Hannes Bonhoff ein Lederarmband mit einem fließenden Übergang zum Uhrengehäuse entwickelt und patentiert. Wegen des doppelten Gehäusebodens kann das Armband einfach gewechselt werden, ohne das Uhrwerk freizulegen.
Die Uhrenbestandteile werden von renommierten Herstellern in Deutschland und der Schweiz gefertigt. Die Endmontage und Kontrolle der Uhren erfolgt allerdings komplett in der Schweiz.

BONHOFF UG

ANSCHRIFT: Görschstr. 17, 13187 Berlin

TELEFON: 0179 119 33 36

E-MAIL: h@bonhoffwatch.com

HOMEPAGE: www.bonhoff.watch

GRÜNDUNG: 2012

MITARBEITER AM ORT: k. A.

JAHRESPRODUKTION: k. A.

VERTRIEBSSTRUKTUR: Direktvertrieb

BORGWARD

Jürgen Betz gründete 2010 die Borgward Zeitmanufaktur in Efringen-Kirchen unweit der Schweizer Grenze. Dabei knüpfte er an den Namen des in den 1920er Jahren gegründeten Herstellers von Personen- und Lastkraftwagen an. Das zeigt sich an der Inspiration für Zifferblätter und Farben der Modelle, die an Rundinstrumente historischer Automobile erinnern. Jürgen Betz gestaltet sie mit viel Liebe zum Detail selbst und lässt sie in kleinen Serien von Hand mit alten Drucktechniken und Sondermaschinen in seinen Ateliers entstehen. Auch die Veredelung der ETA-Automatikwerke mit Schliffen ist Chefsache. Am wichtigsten ist die Uhrenserie P100, die zwei Chronographen und zwei Automatikvarianten umfasst. Die Realisation aller Uhren erfolgt nach Angaben des Unternehmens in Handarbeit mit Komponenten ausschließlich aus Deutschland und der Schweiz. Kostenpunkt: ab 1100 Euro. Wer selbst tätig werden will, kann eine Borgward-Uhr im Rahmen eines ein- bis zweitägigen Uhrenseminars in Efringen-Kirchen unter Anleitung von Experten selbst bauen: Das Handaufzugswerk wird zerlegt, die Platine veredelt, das Zifferblatt gedruckt und die Uhr schließlich wieder montiert. Neben dem Hauptsitz in Efringen-Kirchen gibt es seit 2015 eine Uhrenproduktion in Bremen, die in den historischen Gebäuden des Quartier 925 untergebracht ist. In diesem Uhrenatelier entsteht die Uhrenlinie „Made in Bremen".

Oben: Firmengründer Jürgen Betz. Uhrenmodelle auf dieser Seite: Links 01 Regulateur mit umgebautem historischem Handaufzugswerk Unitas 6325; rechts und rechte Seite oben Chronograph B2300, rechte Seite unten Chronograph P100. Alle Chronographen mit Automatikwerk ETA Valjoux und Edelstahlgehäuse.

BORGWARD ZEITMANUFAKTUR GMBH & CO. KG

ANSCHRIFT: Markgrafenstr. 16, 79588 Efringen-Kirchen

TELEFON: 07628 8057840

E-MAIL: manufaktur@borgward.ag

HOMEPAGE: www.borgward.ag

GRÜNDUNG: 2010

MITARBEITER AM ORT: 3

JAHRESPRODUKTION: 300 Uhren

VERTRIEBSSTRUKTUR: Fachhandel

BORGWARD
MADE IN GERMANY

Das Team von Botta-Design (von links): Klaus Botta, Geschäftsführer, Anke Botta, Leitung Vertrieb, Thomas Pfaff, Design und Produktentwicklung, und Mischa Falkovych, Design und Produktentwicklung

BOTTA-DESIGN

Unter dem Markennamen Botta-Design entwirft und entwickelt der Industriedesigner Klaus Botta seit rund 30 Jahren Armbanduhren, bei denen Design, Qualität und Funktionalität eindeutig im Vordergrund stehen. Zu den Entwürfen zählt zum Beispiel die erste Solar-Armbanduhr von Junghans, die Solar 1 von 1991. Seit 1999 bietet der Designer Uhren unter dem eigenen Markennamen Botta-Design an. Um seinem Anspruch gerecht zu werden, setzt er ausschließlich auf die Fertigung in deutschen Spezialbetrieben im Schwarzwald und beherzigt den eigenen Wahlspruch «Designed in Germany – Made in Germany».

Am Firmensitz in Königstein kümmert sich das Botta-Design-Team um Konzeption, Design, Entwicklung, Qualitätskontrolle und Vertrieb der Uhren sowie um eine sehr persönliche Kundenbetreuung. Um die technische Langlebigkeit der Uhren zu gewährleisten, kommen ausschließlich hochwertigste Komponenten wie Saphirglas, Edelstahl, Titan sowie «Swiss made»-Uhrwerke von ETA und Ronda zum Einsatz.

Mit der Marke Botta-Design verbindet man vor allem die weltweit erste Einzeiger-Armbanduhr UNO, die Botta 1986 präsentierte und die in den ersten Jahren von der Marke Watchpeople vertrieben wurde. Seit der Gründung der eigenen Uhrenmarke 1999 vertreibt Botta die Einzeigeruhr selbst und kreiert immer wieder neue Varianten, zum Beispiel die Modelle NOVA und UNO 24, die neben der UNO die wichtigsten Linien sind. Die UNO gilt als Designklassiker und wurde für ihre Gestaltung mehrfach ausgezeichnet. Diese folgt – wie alle Uhren von Klaus Botta, auch zwei- oder drei-Zeiger-Modelle – einer minimalistischen und funktionalen Design-Sprache.

Links: Quarzuhr Uno 24 Neo mit Einzeigeranzeige auf 24-Stunden-Skala; mit Edelstahlgehäuse.
Unten: Modell Nova

Modernisierte Version der ersten Einzeigeruhr: Uno + Alpin mit ETA-Automatikwerk; unten: Nova Carbon Automatik Black Edition mit ETA-Werk und beschichtetem Gehäuse.

BOTTA-DESIGN

ANSCHRIFT: Klosterstraße 15a, 61462 Königstein

TELEFON: 06174 961188

E-MAIL: info@botta-design.de

HOMEPAGE: www.botta-design.de

GRÜNDUNG: 1986

MITARBEITER AM ORT: 5

JAHRESPRODUKTION: k. A.

VERTRIEBSSTRUKTUR: Fachhandel, Direktvertrieb (online)

BRIOR

Bereits im Jahre 1987 fertigte Holger Wecker seine ersten eigenen Uhren. Diese zeichneten sich durch Gehäuse aus Edelhölzern aus und sicherten sich aufgrund ihres unverwechselbaren Aussehens einen besonderen Platz in der Uhrenszene. Im Laufe der Jahre ging der Uhrmacher dazu über, Gehäuse aus Edelstahl und anderen Metallen zu verwenden. So wurden uhrmacherische Preziosen wie die Edelholzuhren und die Diamond Date um weitere Schmuckstücke wie die Calisto ergänzt und in verschiedenen Modelllinien arrangiert. Die Brior-Kollektion lässt sich in kein starres Schema pressen, da individuelle Kundenwünsche realisiert werden können. Jede Uhr ist im Grunde genommen ein Einzelstück. Gehäuse, Bänder und Gläser kommen aus Deutschland. Die Konstruktion, Montage und Verpackung erfolgen in Kulmbach, ebenso wie Reparaturen, Werkumbauten und Skelettierungen. Die Uhrwerke bezieht Holger Wecker aus der Schweiz, arbeitet sie jedoch zum Teil im eigenen Atelier nach.

Die Schlüsselwörter, mit denen man den Unterschied zwischen einem industriell hergestellten Kaliber und einem handskelettierten Uhrwerk umschreibt, heißen Verfeinerung und Veredelung. Um dem Träger tiefe Einblicke in die Uhrwerkfunktion zu gewähren, geht man mit der so genannten Skelettierung durch Aussägen und Ausfeilen von Werkteilen bis an deren Stabilitätsgrenze. Die zusätzliche Verschönerung der Werkteile durch feine parallel gezogene Bogenlinien nennt man Guillochieren.

Armbanduhren mit Hartholzgehäusen sind eine Spezialität von Holger Wecker (oben). Links der Chronograph Cavaletto aus Ebenholz, rechts die Automatikuhr Fin Calendrier mit Wurzelholzgehäuse.

BRIOR ZEITKULTUHR HOLGER WECKER

ANSCHRIFT: Langgasse 5, 95326 Kulmbach

TELEFON: 09221 86366

E-MAIL: info@brior.de

HOMEPAGE: www.brior.de

GRÜNDUNG: 1991 (Marke «Brior» seit 2000)

MITARBEITER AM ORT: 7

JAHRESPRODUKTION: 100-200 Uhren

VERTRIEBSSTRUKTUR: eigenes Ladengeschäft, Direktvertrieb

Inzwischen konzentriert sich der Uhrmachermeister aus Kulmbach auf kunstvoll dekorierte und finissierte Sammlerstücke mit skelettierten Uhrwerken. Im Bild das Modell Calisto.

BRUNO SÖHNLE

Im Jahr 2000 begann Bruno Söhnle mit der Produktion von Quarzuhren im ehemaligen Assmann-Haus in Glashütte. Mit der Vorstellung der «Mechanik Edition I» neun Jahre später festigte die nunmehr in zweiter Generation familiengeführte Firma ihren Ruf als Einstiegsmarke in die Faszination Glashütter Uhrmacherkunst. Die stetig wachsende Kollektion aus Quarz- und mechanischen Uhren weist einige Besonderheiten auf, wie beispielsweise das Gehäuse der Linie Facetta 1957, das mit hochwertigen Details fasziniert.

Für das Uhrenatelier Bruno Söhnle ist der Faktor Wertschöpfung gewissermaßen von existenzieller Bedeutung, denn wer seine Uhren mit dem begehrten Prädikat «made in Glashütte» ausstatten will, der muss nachweislich in Glashütte einen Mehrwert erzeugen.

Große Taschenuhrwerke liegen voll im Trend, und für das Uhrenatelier Bruno Söhnle bietet das robuste ETA-Baumuster «Unitas» eine praktikable Möglichkeit, eigene Ideen zu Ästhetik und Funktion zu verwirklichen. Mit beachtlichem handwerklichem Aufwand wird da modifiziert und umkonstruiert, die nächste Generation von Handaufzugsuhren befindet sich schon in der Pipeline. Ganz nebenbei entsteht auch noch eine zeitgemäße Kollektion mit nach Glashütter Maßstäben veredelten Sellita-Automatikwerken, die mit Kleiner Sekunde, Day-Date oder Gangreserveanzeige aufwarten – und das alles zu sehr zivilen Preisen.

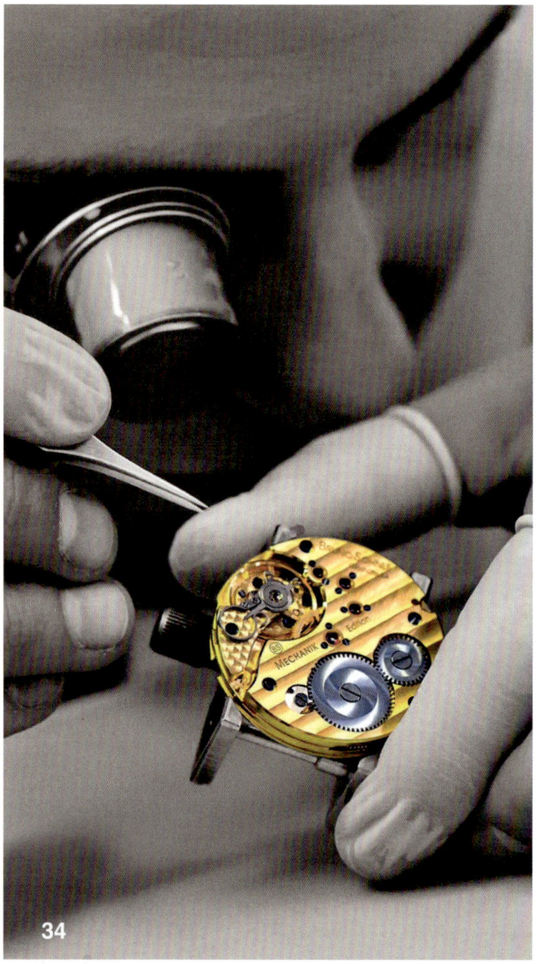

BRUNO SÖHNLE GMBH UHRENATELIER GLASHÜTTE/SA.

ANSCHRIFT: Dresdner Straße 14, 01768 Glashütte

TELEFON: 035053 321 390

E-MAIL: info@brunosoehnle.de

HOMEPAGE: www.brunosoehnle.de

GRÜNDUNG: 2000

MITARBEITER: 70 in Deutschland

JAHRESPRODUKTION: k. A.

VERTRIEBSSTRUKTUR: Fachhandel

Oben: Inhaber Bruno Söhnle mit Ehefrau Christine und Tochter Stephanie, die ebenfalls im Unternehmen arbeitet. Mit hochwertigen Automatikuhren (im Bild das Modell Facetta 1957) und aufwendig veredelten Handaufzugswerken (ganz links) hat sich das Uhrenatelier Bruno Söhnle in der Glashütter Tradition etabliert.

Flymatic Chrono mit per Krone bei der «8» verstellbarem Skalenring mit Weltzeitzonen.

C. H. WOLF

Mit der Neufirmierung als C. H. Wolf kam im Oktober 2014 die Umstrukturierung der einst unter dem Namen Hemess angetretenen Glashütter Uhrenmarke zu einem – vorläufigen – Abschluss. Eigentlich müsste man jedoch eher von einem Startschuss sprechen, denn die neuen Eigner des Unternehmens wollten den Schleier erst lüften, als das historische Gebäude der ehemaligen Turm- und Großuhrenfabrik von Carl Heinrich Wolf (gegründet 1868) komplett saniert und in seinem Innern nach modernsten Gesichtspunkten umgebaut war. Nun stehen Christoph Pfeiffer und Jürgen Werner einige Hundert Quadratmeter lichtdurchfluteter und klimatisierter Atelierfläche mit mehreren voll ausgerüsteten Uhrmacher-Arbeitsplätzen zur Verfügung, und die Produktion der kleinen, aber runden Kollektion von Armbanduhren läuft seit dem Winter auf Hochtouren.

Die verwendeten mechanischen Uhrwerke werden nach allen Regeln der Glashütter Uhrenbaukunst veredelt und mit charakteristischen Zierschliffen versehen. Von ihren Schweizer Wurzeln ist jedenfalls nicht mehr viel zu erkennen beim Blick durch den doppelt entspiegelten Saphirglasboden, der hier nur stellvertretend für den durchweg hohen Qualitätsstandard der ausschließlich aus Mitteleuropa bezogenen Komponenten genannt werden soll. Eine Besonderheit der jungen alten Glashütter Marke sind die aufwendigen Zifferblätter, die bei limitierten Sondereditionen auch schon einmal aus einem Stück Weltmeister-Ski gefertigt oder mit einer hauchdünnen Schicht Stoff eines historischen Kleidungsstücks bezogen sein können.

C. H. WOLF GMBH

ANSCHRIFT: Feldstraße 2, 01768 Glashütte

TELEFON: 035053 31 553

E-MAIL: info@c-h-wolf.de

HOMEPAGE: www.c-h-wolf.de

GRÜNDUNG: 2014

MITARBEITER AM ORT: 15

JAHRESPRODUKTION: k. A.

VERTRIEBSSTRUKTUR: Fachhandel und Direktvertrieb

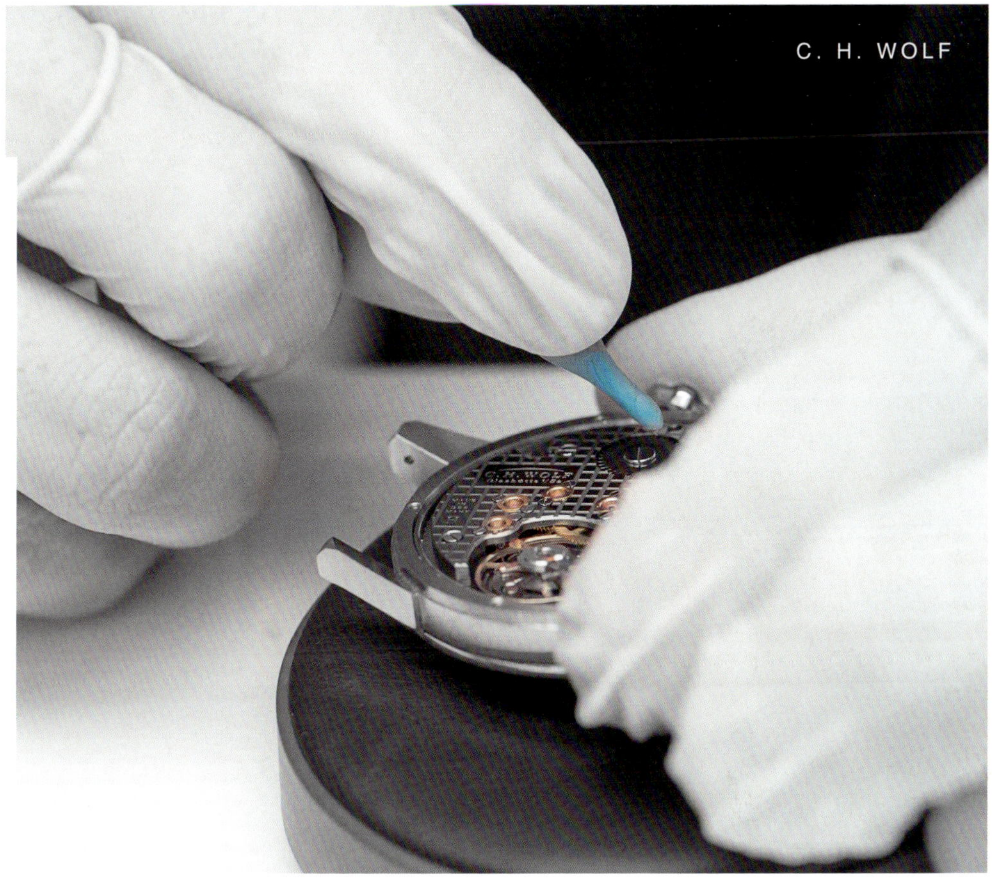

Das Modell Pilot Red hat ein Zifferblatt aus roter Fallschirmseide. Unten das Modell Urban Big Date Business mit einem Manufakturwerk auf der Basis des Eterna Kaliber 39 mit automatischem Aufzug.

Christian Klings (oben) ist Schöpfer des Tourbillon Nr. 7, die Einzelanfertigung eines fliegenden Minutentourbillons in einem Gelbgoldgehäuse

CHRISTIAN KLINGS

Christian Klings nennt sich selbst einen freiberuflichen Künstler und fertigt nach eigenen Angaben in der Regel nur eine einzige Uhr pro Jahr. Die hat es dann aber in sich: Klings konstruiert faszinierende Tourbillons und sogar eigene Hemmungssysteme, darunter Chronometerhemmungen. Zu seinen eigenen Favoriten zählen das Tourbillon Nr. 7, die Einzelanfertigung eines fliegenden Minutentourbillons in einem Gelbgoldgehäuse, sowie das Tourbillon Nr. 12 mit einem blauen Zifferblatt aus Seide in einem Platingehäuse. Ganz neu ist das Modell „Time only" – eine Konstruktion ohne Tourbillon, die Klings ausnahmsweise in einer Kleinserie von zehn Stück in einem Weißgoldgehäuse mit weißem Seidenzifferblatt herstellen wird. Das Handaufzugswerk ist eine optisch faszinierende Konstruktion: Durch den Glasboden von „Time only" präsentieren sich die Brücken als gestalterisch dominant und schaffen eine ästhetische Werkarchitektur. Nicht nur die Konstruktionen der Werke stammen von Klings: Der 1957 in Dresden geborene Uhrmacher stellt etwa 70 Prozent aller Teile einer Uhr in seinem eigenen Atelier her. Einzelstücke kosten zwischen 20.000 und 100.000 Euro.

CHRISTIAN KLINGS

ANSCHRIFT: Sonnenhang 27, 09125 Chemnitz

TELEFON: 0371 70062514

E-MAIL: info@christianklings.com

HOMEPAGE: www.christianklings.com

GRÜNDUNG: 2009

MITARBEITER AM ORT: 1

JAHRESPRODUKTION: eine Uhr (Sonderanfertigung)

VERTRIEBSSTRUKTUR: Direktvertrieb

DEFAKTO

Purismus mit Pforzheimer Wurzeln: 2009 gründete Raphael Ickler – Sohn des Gehäuseherstellers Ickler (siehe Ickler/Archimede) – seine Uhrenmarke Defakto. Im Mittelpunkt: schlichtes, puristisches Design und hochwertige Fertigung aus Pforzheim. Die Klarheit des Designs gipfelt in einer Einzeigeruhr – sie hat mit den Standardmodellen prägnante Zeiger und eine grafisch gezeichnete, deutliche Indexierung gemeinsam. Angeboten werden von dem heute in Berlin angesiedelten Einzelunternehmen überwiegend Mechanikmodelle (mit ETA- und Citizen-Werken sowie Gehäusen aus Pforzheim) sowie Quarzuhren für Preise zwischen 300 und 675 Euro. Jüngste Neuheit ist die Automatikuhr Defakto Akkord Modular – erhältlich als Edelstahl- sowie Bronzeversion, jeweils mit schwarz PVD-beschichteter Lünette und Krone. Das Zifferblatt ist stringent skaliert und betont modern. Diese Gestaltung hat dem Modell eine Nominierung für den German Design Award 2016 eingebracht.

Raphael Ickler (oben) führt die Marke in der Brückenmeisterei in Berlin (links). Links davon die Quarz-Einzeigeruhr Defakto Detail Mono. Unten: Automatikuhr Akkord Modular Bronze in zwei Varianten.

DEFAKTO UHREN

ANSCHRIFT: Brückenmeisterei, Seestr. 13, 13353 Berlin

TELEFON: 030 63966712

E-MAIL: info@defakto-uhren.de

HOMEPAGE: www.defakto-uhren.de

GRÜNDUNG: 2009

MITARBEITER AM ORT: 1

JAHRESPRODUKTION: k. A.

VERTRIEBSSTRUKTUR: Direktvertrieb, Händler

DAMASKO

Petra und Konrad Damasko. Rechte Seite oben: Damasko fertigt zahlreiche Komponenten selbst; bei Hemmung und Spirale kommt Silizium zum Einsatz.

Seit der Entwicklung eines eigenen mechanischen Uhrwerkkalibers mit automatischem Aufzug darf sich die Firma Damasko «Manufaktur» nennen, doch mit den Grundlagen der Uhrwerktechnik und der Verwendung innovativer Materialien sowie Fertigungstechnologien war in Barbing bei Regensburg schon lange zuvor experimentiert worden. Oberflächen-Härtungsverfahren und Beschichtungen zählen ebenso zum technischen Repertoire der Firma wie Mikrokugellager, Magnetfeldabschirmungen oder Kronen- und Drehringkonstruktionen. In Barbing werden alle Gehäuse komplett gefertigt – inklusive Drücker, Krone, Drehring, Einlagen usw. Hier haben die Firmeninhaber Petra und Konrad Damasko das Sagen; Tochter Nadja Damasko ist ebenfalls im Familienunternehmen tätig und leitet den Vertrieb. Mittlerweile gibt es drei eigene Uhrwerke – das jüngste ein Automatikkaliber mit zweiter Zeitzone. Für die Manufakturkaliber entstehen Platinen, Brücken, Kloben, Rotoren, Kugellager, Federhaus, Unruhreif und Unruhwelle im eigenen Haus. Fortschrittlich sind Hemmung und Spirale – hier kommt Silizium zum Einsatz.

DAMASKO GMBH

ANSCHRIFT: Unterheising 17c, 93092 Barbing

TELEFON: 09401 80481

E-MAIL: info@damasko.de

HOMEPAGE: www.damasko.de

GRÜNDUNG: 1994

MITARBEITER AM ORT: 25

JAHRESPRODUKTION: k. A.

VERTRIEBSSTRUKTUR: Direktvertrieb, Fachhandel (international)

Chronograph DC 66 Si Black mit Silizium-Technologie im ETA-Werk Valjoux 7750 sowie gehärtetem Edelstahlgehäuse

Das Modell DK 200 mit automatischem Manufakturwerk bietet die Anzeige einer zweiten Zeitzone

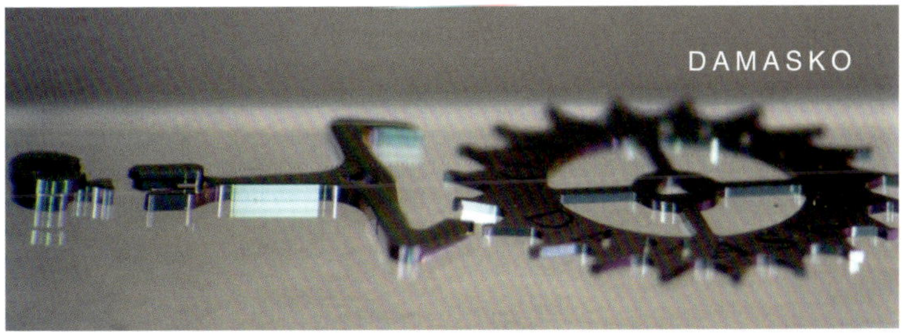

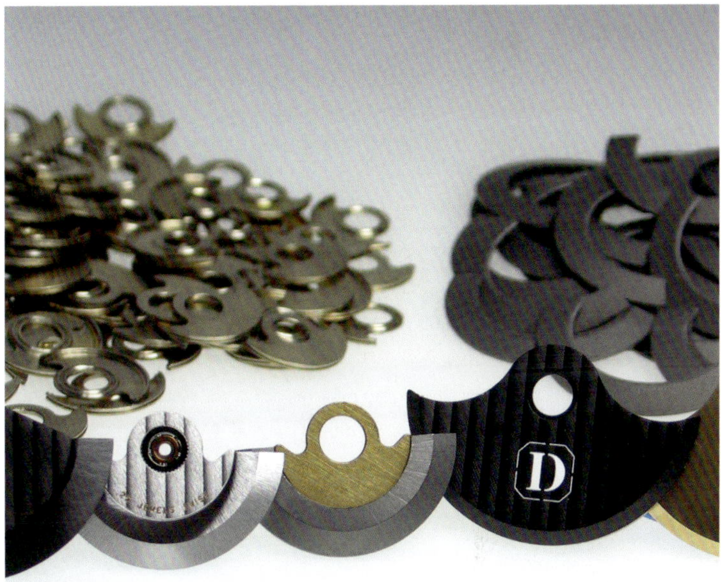

Zeigt Tag und Datum: Modell DA 38 mit ETA-Automatikwerk und Edelstahlgehäuse sowie –band

Sportlicher Chronograph DC 56 mit ETA-Werk Valjoux 7750 und Edelstahlgehäuse sowie –band

Automatikuhr DA 373 mit ETA-Werk, Anzeige von Tag- und Datum, mit Edelstahlgehäuse und Stahlband

DEGUSSA

Nicht alle Menschen denken bei einem Goldinvestment an Barren oder Münzen. Die Degussa Goldhandel GmbH, traditionell stark auf den beiden genannten Gebieten, hat deshalb eine neue Produktreihe aufgelegt: exklusive Armbanduhren aus Gelbgold in einem klassisch zeitlosen Design und zu einem nach eigenen Angaben «außergewöhnlich fairen Preis».

Die Gehäuse der Uhren, die in zwei Größen für Damen und Herren angeboten werden, glänzen je nach Modell mit einem Feingoldgewicht von 26,2 Gramm bei Damen-Automatik bis hin zu 49 Gramm bei Herrenuhren, verarbeitet in einer 750er Legierung. Den höchsten Goldanteil haben die exklusiven Krügerrand-Uhren mit einer Münze als Zifferblatt. Je nach Größe, Goldgehalt und Uhrwerk liegt die Preisspanne der Uhren mit weißem Zifferblatt zwischen 1150 und 3650 Euro. Das Design stammt aus dem Hause Degussa, Zifferblätter und Lederarmbänder sind made in Germany. Die massiven Goldgehäuse mit Glasboden werden in Keltern bei Pforzheim gefertigt. Bei den Mechanikmodellen kommen ETA 2892 und Sellita SW300-Kaliber zum Einsatz. Insgesamt gibt es neben den Krügerrand-Uhren in der Erstauflage fünf Varianten: drei Automatikmodelle sowie zwei Damenmodelle (32 mm) mit Ronda-Quarzwerken.

Links: Krügerrand-Uhr von Degussa mit Automatikwerk Sellita SW300, Münz-Zifferblatt und Goldgehäuse; rechts: Classic Edition Gelbgold 2M, Quarzuhr mit Goldgehäuse

DEGUSSA GOLDHANDEL GMBH

ANSCHRIFT: Kettenhofweg 29, 60325 Frankfurt

TELEFON: Tel.: 069-860068-0

E-MAIL: info@degussa-goldhandel.de

HOMEPAGE: www.degussa-goldhandel.de

GRÜNDUNG: 2011

MITARBEITER AM ORT: 120

JAHRESPRODUKTION: k. A.

VERTRIEBSSTRUKTUR: 12 eigene Niederlassungen in Deutschland und in der Schweiz, Direktvertrieb (online)

D. DORNBLÜTH & SOHN

In der Werkstatt des Uhrmachermeisters Dirk Dornblüth werden mit großem handwerklichem Aufwand klassisch gezeichnete Handaufzugsuhren hergestellt – nach alter Väter Sitte, ohne CNC-gesteuerte Werkzeugmaschinen. Je nach Uhr werden 50-95 % der Uhrwerkteile im eigenen Haus und der Rest der Fournituren in der Region bzw. in Deutschland gefertigt. Als Ausgangsbasis dient ursprünglich das brave «Unitas»-Taschenuhrkaliber ETA 6497. Zusammen mit der Dreiviertelplatine und ihren Auf- und Einbauten entwickelt Dirk Dornblüth etwa die Hälfte des Werkgestells neu. Zum 50. Firmenjubiläum wurde das hauseigene Manufakturkaliber Q-2010 vorgestellt. das Handaufzugswerk bietet eine selbst entwickelte Malteserkreuz-Konstruktion mit zwei hintereinandergeschalteten Federhäusern sowie eine Kurzankerhemmung mit abgesenktem Ankerrad.

Vater Dieter und Sohn Dirk Dornblüth im Kreise der Mitarbeiter in der kleinen Manufaktur in Kalbe/Milde. Die Spezialität des Hauses ist das traditionell aufgebaute Handaufzugswerk vom Kaliber Q-2010.

D. DORNBLÜTH & SOHN

ANSCHRIFT: Westpromenade 7, 39624 Kalbe/Milde

TELEFON: 039080 3206

E-MAIL: info@dornblueth.com

HOMEPAGE: www.dornblueth.com

GRÜNDUNG: 1962

MITARBEITER AM ORT: 8

JAHRESPRODUKTION: ca. 150 Uhren

VERTRIEBSSTRUKTUR: Direktvertrieb, Fachhandel

DUGENA

Unter dem Dach der Holding Nova Tempora entwickelt sich die Uhrenlinie Dugena Premium zu einer hochwertigen Kollektion, die den Warenstempel «made in Germany» auf dem Zifferblatt verdient: Alle mechanischen Premium-Modelle werden in der eigenen Werkstatt in Meisenheim montiert, reguliert, geprüft, versendet und im Bedarfsfall auch repariert. Die Automatikmodelle werden von dem fein veredelten Uhrwerkkaliber DP 9015 und dem in eigener Regie umgebauten Kaliber DP 9100–1 auf der Basis japanischer Miyota-Werke angetrieben. Das ermöglicht Dugena ein überaus attraktives Preis-Leistungs-Verhältnis.

Zuverlässiger Antrieb durch bewährte japanische Technik: Dugena Kaliber 9015 mit automatischem Aufzug.

NOVA TEMPORA UHREN UND SCHMUCK GMBH

ANSCHRIFT: Saarstr. 9, 55590 Meisenheim

TELEFON: 06753 12583-0

E-MAIL: info@novatempora.de

HOMEPAGE: www.dugena-premium.de

GRÜNDUNG: 1917/2009

MITARBEITER AM ORT: 20

JAHRESPRODUKTION: k. A.

VERTRIEBSSTRUKTUR: Fachhandel, Warenhäuser

Elegant und alltagstauglich: Die Modelle Dugena Permium Kappa 1 und Kappa Vollkalender bestechen durch hervorragende Ablesbarkeit.

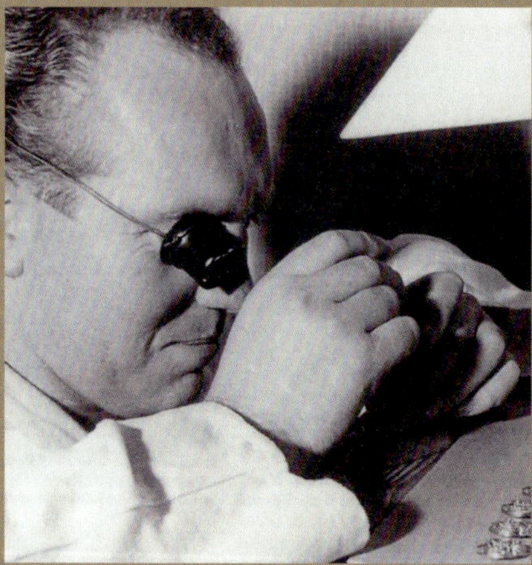

Erich Fröhlich gründete 1955 eine Uhrenfabrikation.

EFRICO / FRÖHLICH

Efrico ist bekannt für markante Armbanduhren im Fliegerstil, die Sportlichkeit mit Wasserdichtheit verbinden. Geboten werden mechanische Automatik- und Chronographenmodelle sowie Quarzuhren. Gegründet wurde die Uhrenfabrikation Erich Fröhlich 1955 von dem Uhrmacher Erich Fröhlich in Conweiler, der bis heute die Fäden in der Hand hält und aktiv an der Produktion beteiligt ist. Dabei liegen dem Gründer und Inhaber Präzision und Qualität besonders am Herzen: Er legt Wert auf hochwertige Materialien und namhafte Schweizer Uhrwerke. Teile der Ausstattung kommen aus Deutschland und werden am heutigen Firmensitz in Straubenhardt verarbeitet, wo die Montage der Uhren stattfindet. Das Familienunternehmen bietet eine Besonderheit: Zifferblätter können nach Vorstellungen der Kunden individuell gestaltet werden; auch der Boden bietet Platz für Einzigartiges und kann nach Kundenwunsch graviert werden.

Charakteristisch für Efrico: Markante Armbanduhren im Fliegerstil, beide mit Edelstahlgehäuse und Automatikwerk ETA2824-2

EFRICO UHRENFABRIKATION

ANSCHRIFT: Erich Fröhlich, Postfach 46, 75332 Straubenhardt

TELEFON: 07082 3025

E-MAIL: info@froehlichuhren.de

HOMEPAGE: www.froehlichuhren.de

GRÜNDUNG: 1955

MITARBEITER AM ORT: 4

JAHRESPRODUKTION: k. A.

VERTRIEBSSTRUKTUR: Direktvertrieb

ELYSÉE

1991 übernahm der Düsseldorfer Geschäftsmann Reiner Seume die Rechte an der 1920 gegründeten Marke und begann, Ausrichtung und Portfolio der Marke Elysée komplett umzubauen, wobei sein Fokus vorerst nur auf dem deutschen Markt lag. Heute beträgt der Exportanteil von Elysée 70 %, und die Kollektionen spreizen sich über einen weiten Preisbereich von 150 Euro für modische Damenuhren bis an die 2000 Euro für limitierte Editionsuhren mit mechanischen Uhrwerken. Bei den höherwertigen mechanischen Uhren setzt Elysée neben japanischen Uhrwerken von Miyota und Seiko mitunter auch Schweizer Kaliber von ETA mit Handaufzug (Baumuster Unitas) und Chronographen (Valjoux) ein und remontiert die Zeitmesser zum Teil in der Firmenzentrale in Düsseldorf.

ELYSEE UHREN GMBH

ANSCHRIFT: Heerdter Lohweg 212, 40549 Düsseldorf

TELEFON: 0211 522894-0

E-MAIL: info@elysee-watches.com

HOMEPAGE: www.elysee-watches.com

GRÜNDUNG: 1920/1960

MITARBEITER AM ORT: 15

JAHRESPRODUKTION: k. A.

VERTRIEBSSTRUKTUR: Fachhandel

Vater Reiner und Sohn Julian Seume teilen eine Passion für klassische Automobile, die auch in der Formgebung der Uhren zum Tragen kommt.

ENGELHARDT

Entwicklung, Produktion und Distribution von Uhren, Schmuck und Accessoires – dafür steht seit 1996 der Name Shaghafi GmbH aus Rheine. Das Unternehmen hat deutsche und mitteleuropäische Kunden. Zum Sortiment gehört auch die eigene Uhrenmarke Engelhardt, die auf den Uhrmacher Gustav Engel sowie den Ingenieur Steve Hardt zurückgeht, die in den 1920er Jahren an der Entwicklung erster Automatik-Armbanduhren gearbeitet haben. Daran knüpft heute eine sportlich-moderne Kollektion an, die zu 80 Prozent Automatikwerke bietet. Entwurf, Vertrieb, Qualitätskontrolle und Kundenservice sind in Rheine angesiedelt, die Produktion der Uhren erfolgt in Fernost; ein kleiner Teil der Uhren wird in Rheine montiert. Die Kollektion umfasst Damen- und Herrenuhren sowohl im klassischen als auch im sportlichen Segment und deckt einen Preisbereich von 250 bis 350 Euro ab. Aktuelle Modelle rücken dabei die Mechanik optisch in den Mittelpunkt: Das Zifferblatt ist durchbrochen, um die Unruh zu zeigen.

Freier Blick auf die Unruh: Uhren von Engelhardt offenbaren ihr mechanisches Uhrwerk in einem Zifferblattausschnitt. Den Rahmen dafür bieten goldfarben beschichtete Edelstahlgehäuse.

SHAGHAFI GMBH

ANSCHRIFT: Kanalstr. 97, 48432 Rheine

TELEFON: 05971 899086-0

E-MAIL: dennis.knips@shaghafi.de

HOMEPAGES: www.shaghafi.de, www.engelhardt-uhren.de

GRÜNDUNG: 1996

MITARBEITER AM ORT: ca. 60

JAHRESPRODUKTION: 10.000 Uhren

VERTRIEBSSTRUKTUR: Fachhandel

ERWIN SATTLER

Die Armbanduhren der eigentlich auf Präzisions-Pendeluhren spezialisierten Manufaktur entstehen in Zusammenarbeit mit dem österreichischen Uhrmacher-Ehepaar Habring. Sie haben das bewährte «Valjoux» Kaliber 7750 – eigentlich ein Chronographenwerk – zum Regulator umgebaut und eine besondere Raffinesse eingearbeitet: Der Sekundenzeiger springt im Sekundentakt wie beim großen Vorbild, der Pendeluhr. Inzwischen wird die kleine Kollektion um einen höchst interessanten Automatik-Chronographen mit Regulator-Zifferblatt und klassischer Kronendrücker-Betätigung – zwischen den unteren Bandanstößen – ergänzt.
In Gräfelfing erfolgen die komplette Werkmontage inklusive Feinregulierung, das Einschalen des Werks und zum Beispiel auch das Bläuen der Zeiger. Ebenfalls «made in Germany» sind Gehäuse, Zifferblatt, Armband, Schließe und der handgearbeitete Rotor.

Ein Regulator, der in Wirklichkeit ein Chronograph ist: Die interessante Konstruktion mit einzelnem Kronendrücker bei der «6» orientiert sich stilistisch an den Präzisionspendeluhren aus der Großuhren-Manufaktur Sattler.

ERWIN SATTLER OHG

ANSCHRIFT: Lohenstr. 6, 82166 Gräfelfing

TELEFON: 089 8955806-0

E-MAIL: info@erwinsattler.de

HOMEPAGE: www.erwinsattler.de

GRÜNDUNG: 1958

MITARBEITER AM ORT: 32

JAHRESPRODUKTION: 1200 Uhren

VERTRIEBSSTRUKTUR: Fachhandel

FISCHER & CIE.

Die Suche nach einem individuellen Geburtstagsgeschenk brachte die Uhrenfreunde Axel Kmonitzek und Max Fischer auf die Geschäftsidee: ganz persönliche Uhren, sozusagen «maßgeschneidert» für ihren Träger, ausgestattet mit mechanischen Uhrwerken aus der Schweiz. Gravierte Werkbrücken, von Hand guillochierte Rotoren oder komplett skelettierte Werke – bei Fischer & Cie. ist alles möglich. Der Kunde wählt aus rund 60 Standardgehäusen ein Modell sowie dessen Ausstattung und gestaltet das «Gesicht» der Uhr aus einer großen Kollektion von Zifferblättern. Die erste Beratung dauert meistens eine Stunde, die Fertigung rund drei Monate. Im Ladengeschäft in der Hamburger HafenCity vermitteln Schaukästen mit Ausstellungsstücken ein Gefühl für Werte, bieten Inspiration und machen Lust auf traditionelle Uhrmacherkunst.

Oben: Geschäftsführer Axel Kmonitzek. Maßgeschneiderte Armbanduhren – das ist die Geschäftsidee von Fischer & Cie. Die Palette der Möglichkeiten reicht von ganz klassisch bis ganz modern. Nur mechanisch müssen die Uhren sein.

FISCHER & CIE. UHRENMANUFAKTUR GMBH

ANSCHRIFT: Shanghaiallee 8, 20457 Hamburg

TELEFON: 040 35730666

E-MAIL: info@fischerundcie.com

HOMEPAGE: www.fischerundcie.com

GRÜNDUNG: 2009

MITARBEITER AM ORT: 6

JAHRESPRODUKTION: k. A.

VERTRIEBSSTRUKTUR: Direktvertrieb

FLÜTHE

Seit 1859 gibt es die Uhrmacherwerkstatt der Familie Flüthe in Telgte – heute führt dort Uhrmachermeister Reinhold Flüthe die Familientradition fort und hat das Unternehmen auf mehrere Säulen gestellt. Neben Uhren unter der Eigenmarke Flüthe, die auf Schweizer Unitas-, ETA- und Valjoux-Mechanikwerken beruhen, bietet man in der Werkstatt die versierte Restaurierung historischer und moderner Uhren an. Ein weiterer Arbeitsbereich sind Uhrmacherseminare für interessierte Laien, die an zwei Tagen ihre eigene Uhr bauen. In allen Bereichen wird das Angebot immer wieder aktualisiert: In der Kollektion bietet Flüthe seit kurzem Modelle mit Dreiviertelplatine und neuem Strahlenschliff sowie Sekundenstoppfunktion beim Kaliber ETA 6498, während auch das Seminarprogramm erweitert wurde.

Uhren von Flüthe kann man in Telgte erwerben oder bei Uhrmacherseminaren selbst zusammenbauen. Rechts das Kaliber ETA 6498 mit Strahlenschliff auf einer Dreiviertelplatine.

REINHOLD FLÜTHE

ANSCHRIFT: Münsterstr. 18, 48291 Telgte

TELEFON: 02504 4631

E-MAIL: info@fluethe.de

HOMEPAGE: www.fluethe.de

GRÜNDUNG: 1859

MITARBEITER AM ORT: 6

JAHRESPRODUKTION: k. A.

VERTRIEBSSTRUKTUR: Direktvertrieb

GENESIS

Christine Genesis ist Uhrmachermeisterin und fertigt hochwertige mechanische Armbanduhren in Handarbeit. Viele Jahre war sie in einer der größten Uhrenwerkstätten Europas tätig. Dort lernte sie die Funktionsweisen aller hochwertigen Uhrenmarken kennen. Dieses Wissen und die 25-jährige Berufserfahrung nutzt sie heute für den Bau ihrer eigenen Uhren.

Alles geht durch ihre Hände: Planung, Design, Konstruktion, Bearbeitung des Uhrwerks und Abstimmung aller Teile. Somit hat jede Uhr aus ihrer Werkstatt eine Persönlichkeit durch Gestaltung und technische Merkmale. Christine Genesis verwendet ausschließlich hochwertige mechanische Schweizer Uhrwerke, die sie modifiziert mit Zusatzfunktionen (z. B. Großdatum, Gangreserveanzeige oder Wochentagzeiger). Platinen und Brücken werden mit verschiedenen Zierschliffen finissiert, und der Glasboden der Uhren gibt Einblick in die Schönheit der veredelten Werke. Alle Gehäuse werden nach eigener Konstruktion aus einer speziellen Edelstahllegierung gefräst. Die Oberflächen individuell bearbeitet – hochglanzpoliert, satiniert oder mit feinen Glasperlen matt gestrahlt – je nach Kundenwunsch. Die aufwendig hergestellten Zifferblätter werden in etwa 30 Arbeitsschritten nach eigenen Entwürfen gefertigt, die Oberfläche entweder mehrfach lackiert oder galvanisch beschichtet. Alle Stundenmarker sind von Hand vernietet. Nach dem Zusammenbau aller Komponenten erfolgen umfangreiche Endkontrollen, wie z. B. Prüfung der Ganggenauigkeit (in 5 Lagen), der Wasserdichtigkeit sowie diverse Funktionskontrollen. Jedes Modell ist einzeln nummeriert und wird in bewusst kleiner Limitierung gefertigt.

Schlicht und übersichtlich präsentieren sich die einzeln nummerierten Uhren von Christine Genesis, die in ihrer Hamburger Werkstatt (fast) alles selbst macht.

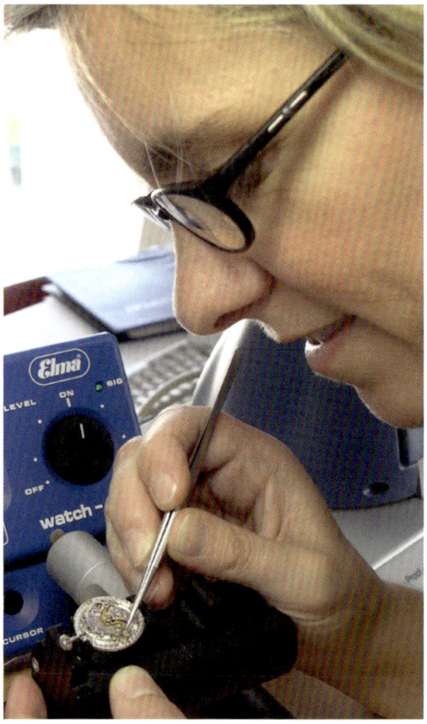

CHRISTINE GENESIS

ANSCHRIFT: Jaffestraße 6, 21109 Hamburg

TELEFON: 040 41498800

E-MAIL: info@genesis-uhren.de

HOMEPAGE: www.genesis-uhren.de

GRÜNDUNG: 2004

MITARBEITER AM ORT: 1

JAHRESPRODUKTION: ca. 100 Uhren

VERTRIEBSSTRUKTUR: Atelierverkauf in Hamburg, Direktvertrieb

GERMANO & WALTER

Eine Uhr nach eigenen Vorstellungen – extrem widerstandsfähig, antimagnetisch und voll tauchfähig: Diesen Traum erfüllten sich der Auto-Restaurator Pietro Germano und der Kfz-Ingenieur Alexander Walter. Das Ergebnis war nicht nur eine Uhr, sondern gleich eine ganze Uhrenmarke, die 2005 mit einem Prototypen debütierte: Dem Modell «Germano & Walter 500 m», das seitdem in Kleinserie und in reiner Handarbeit in München gefertigt wird. Mittlerweile sind weitere Uhren und Sondermodelle hinzugekommen, unter anderem eine Taucheruhr mit drehbarer Lünette. Das Kennzeichen der Uhren ist ein «Sandwich»-Edelstahlgehäuse aus mehreren massiven Teilen, das hochantimagnetisch und wasserdicht bis 500 Meter ist. Demnächst werden die Modelle mit einem Gehäuse aus Bronze sowie in der Kombination von Stahl und Bronze präsentiert. Ein Blickfang sind auch die selbst gefertigten Lederbänder. Innen kommen ETA-Automatikwerke sowie Kaliber von Damasko zum Einsatz. Die Uhren der kleinen Münchner Marke kosten zwischen 3100 und 5800 Euro, die Taucheruhr 3700 Euro.

Oben: Pietro Germano (links) und Alexander Walter sind die Namensgeber der Marke. Links Modell 600 m mit Damasko-Automatikkaliber. Jeweils mit ETA-Automatikwerk: Unten links 500 m, rechts Taucheruhr T~500 m. Alle Uhren haben ein Edelstahlgehäuse.

PIETRO GERMANO

ANSCHRIFT: Orleansstr. 45, 81667 München

TELEFON: 0177 4057216

E-MAIL: info@germano.de

HOMEPAGE: www.germano.de

GRÜNDUNG: 2006

MITARBEITER AM ORT: 2

JAHRESPRODUKTION: Kleinserien

VERTRIEBSSTRUKTUR: Fachhandel, Direktvertrieb

GLASHÜTTE ORIGINAL

Die Manufaktur Glashütte Original ist aus dem ehemaligen VEB Glashütter Uhrenbetrieb (GUB) hervorgegangen, zu dem in DDR-Zeiten sämtliche Glashütter Uhrenhersteller und Zulieferbetriebe zusammengelegt wurden. Aufgrund der politisch bedingten Isolation vom Weltmarkt funktionierte die Manufaktur völlig autark und kontrollierte mit einem riesigen Maschinenpark die Herstellung sämtlicher Einzelteile. Diese technische Unabhängigkeit sollte sich als Segen für den Uhrenstandort Glashütte erweisen, denn nach der Wiedervereinigung konnten sämtliche neu bzw. wieder angesiedelten Uhrenmarken auf den hohen Ausbildungsstand der ehemaligen GUB-Mitarbeiter und ihren reichen Erfahrungsschatz zurückgreifen.
1994 wurde der Produktionsbetrieb unter dem Markennamen Glashütte Original weitergeführt und ab 1995 mit komplett neuen Kollektionen aufgewertet. Von Anfang an kamen nur eigene mechanische Uhrwerkkaliber zum Einsatz, die in Glashütte entwickelt, konstruiert und produziert wurden. Im Jahr 2000 wurde die Manufaktur an die Schweizer Swatch Group verkauft, die erhebliche Summen in den Betrieb investierte und die Produktionseinrichtungen weiter ausbaute. Die ursprünglich angegliederte Marke Union Glashütte operiert inzwischen weitgehend eigenständig (siehe dort). Der Uhrenbetrieb gehört nach wie vor zum äußerst exklusiven Kreis der echten Manufakturen, die den Entstehungsprozess einer Uhr nahezu vollständig unter einem Dach verwirklichen. Von der kleinsten Schraube bis hin zum komplizierten Mechanismus werden hier Uhren in höchster Fertigungstiefe hergestellt und in weitestgehender Handarbeit vollendet. Der Herstellungsprozess reicht von der Entwicklung der Uhren und Uhrwerke über die Fertigung von Werkzeugen und Vorrichtungen im eigenen Werkzeugbau, die Fertigung der Komponenten der Uhrwerke und die Veredelung der Uhrwerkkomponenten (z. B. Finissierung, Polierungen, Galvanik) bis hin zur Montage und Prüfung der kompletten Uhr. Die technische Ausstattung der Produktionseinrichtungen befindet sich auf allerhöchstem Niveau. Seit dem Jahr 2012 besitzt Glashütte Original zudem eine eigene Zifferblattmanufaktur in Pforzheim. Die Fertigungstiefe beträgt damit über 95 Prozent.
Besonders stolz ist man bei Glashütte Original auf das eigene Ausbildungszentrum, das in Erinnerung an den Gründer der Deutschen Uhrmacherschule nach Alfred Helwig benannt ist. Ein Teil der Lehrwerkstätten ist im Gebäude der DUS untergebracht, das auch das große Deutsche Uhrenmuseum Glashütte beherbergt.

PanoReserve mit Handaufzugswerk. Panoramadatum und Gangreserveanzeige haben neben dem exzentrisch angeordneten Stundenkreis Platz.

Senator Observer mit automatischem Aufzug und Panoramadatum sowie ebenfalls einer Gangreserveanzeige.

GLASHÜTTER UHRENBETRIEB GMBH

ANSCHRIFT: Altenberger Straße 1, 01768 Glashütte

TELEFON: 035053 46-0

E-MAIL: info@glashuette-original.com

HOMEPAGE: www.glashuette-original.com

GRÜNDUNG: 1994

MITARBEITER AM ORT: ca. 450

JAHRESPRODUKTION: ca. 10.000 Uhren

VERTRIEBSSTRUKTUR: Fachhandel, eigene Boutiquen

Ein Meileinstein in der jüngeren Modellgeschichte ist das neue Automatik-Chronographenwerk Kaliber 37, das nach modernsten Gesichtspunkten konstruiert wurde. Hier eingebaut im Senator Chronograph mit Panoramadatum.

Auch die erfolgreiche Kollektion «Seventies» kommt seit 2015 in den Genuss des neuen Chronographenkalibers.

Die PanoMaticInverse trägt ihre Hemmung mit doppelter Schwanenhals-Feinregulierung prominent auf der Zifferblattseite.

GRIEB & BENZINGER

Unter der jungen Marke Grieb & Benzinger kombinieren der Uhrmacher Hermann Grieb, der Graveur und Skeletteur Jochen Benzinger sowie der Designer Georg Bartkowiak ihre Talente. In Griebs kleiner Werkstatt in einem Nebentrakt von Schloss Dätzingen entstehen nach alter Väter Sitte und mit einem hohen handwerklichen Aufwand komplizierte und filigrane Einzelstücke auf der Basis alter Taschenuhrwerke aus den renommierten Schweizer Manufakturen des 19. und frühen 20. Jahrhunderts.

Die Arbeiten gehen dabei weit über die reine Restaurierung hinaus und schließen zum Teil aufwendige Umbauten und natürlich ausgefallene Veredelungen mit ein. Guillochier-Dekore, Gravuren und Skelettarbeiten steuert der Spezialist Jochen Benzinger bei. Er versteht sich auch auf die Bearbeitung von blauem Platin, einem wertvollen Werkstoff, der in der Uhrenbranche ausschließlich bei Grieb & Benzinger Verwendung findet.

Da sich bei einer Jahresproduktion von maximal 30 Uhren ein Vertriebsnetz kaum rechnen würde, machen Grieb, Benzinger und Bartkowiak aus der Not eine Tugend und betreuen ihre anspruchsvollen Kunden direkt, individuell und höchstpersönlich.

Hermann Grieb, Georg Bartkowiak und Jochen Benzinger (von links) sind das Team hinter der Marke. Oben: Rückseite der Uhr Blue Sensation

GRIEB & BENZINGER FEINE UHREN

ANSCHRIFT: Schloss Dätzingen, 71120 Grafenau

TELEFON: 07231 983000

E-MAIL: georg@grieb-benzinger.com

HOMEPAGE: www.grieb-benzinger.com

GRÜNDUNG: 1995

MITARBEITER AM ORT: 5

JAHRESPRODUKTION: ca. 60-80 Uhren

VERTRIEBSSTRUKTUR: Direktvertrieb

Einzelstück: Blue Sensation mit Platingehäuse und handskelettiertem Zifferblatt, vollständig überarbeitetes, historisches Split-Second-Chronographen-Kaliber von Patek Philippe.

Kontrastreich: In der Centurion Imperial schmücken rote Princess-Diamanten ein geschwärztes Platingehäuse.

Green Inspiration mit Platingehäuse, handguillochierter Lünette und Zifferblatt sowie fein dekoriertem Uhrwerk.

Black Tulip mit Roségoldgehäuse und Handaufzugswerk, das von Hand skelettiert, graviert und guillochiert wurde.

H. F. BAUER

Im Jahr 1924 gründete Hermann Friedrich Bauer mit seinen drei Söhnen eine eigene Firma und die Uhrenmarke H. F. Bauer, zunächst als Gehäusebauer und Remonteur, dann sogar – kurzzeitig – als Hersteller eigener Uhrwerke. Durch die Fusion mit einer Scheideanstalt entwickelte H. F. Bauer sich zur Produktions- und Vertriebsgesellschaft für Edelmetall-Halbfabrikate, Dentallegierungen, Uhrengehäuse, Armbänder und Schmuck.

Heute vertreibt die Pforzheimer Firma Astrath die Golduhren der Traditionsmarke. Dabei liegen auch die Montage der Komponenten, die Prüfung der Ganggenauigkeit und die Endkontrolle der Uhren in den Händen des Uhrmachermeisters Rainer-Udo Astrath. Die Gehäuse werden in Keltern bei Pforzheim mit einem modernen Maschinenpark und neuester Technologie produziert; sogar die Gehäuselegierung stammt aus der eigenen Schmelzerei. Uhrwerke und Zeiger werden aus der Schweiz bezogen, Zubehörteile wie Zifferblätter und Lederbänder kommen von namhaften deutschen Partnern. Zur Kollektion gehören sowohl Herren- als auch Damenmodelle mit Mechanik- und Quarzwerken. Die mechanische Portus Collection umfasst fünf Grundmodelle, die zum Beispiel mit den Kalibern ETA Valjoux 7750 und dem Unitas 6498 ausgestattet sind. Da Uhren mit Unikatcharakter gefragt sind, bietet die Firma Astrath zusätzlich individuelle Details wie Handgravuren oder Teilskelettierungen an.

Oben Modell Wildberg II aus Weißgold mit Unitas-Handaufzugswerk, unten Jubiläumsuhr mit Goldgehäuse und Quarzwerk

ASTRATH H. F. BAUER

ANSCHRIFT: Ostendstraße 12/1, 75175 Pforzheim

TELEFON: 07231 585 38 11

E-MAIL: info@hfbauer-astrath.de

HOMEPAGE: www.hfbauer-astrath.de

GRÜNDUNG: 1924 / 2011

MITARBEITER VOR ORT: 5

JAHRESPRODUKTION: k. A.

VERTRIEBSSTRUKTUR: Fachhandel

HARTIG TIMEPIECES

«Bereits in jungen Jahren packte mich die Faszination von Armbanduhren. Es war sicherlich die ausgeklügelte und feine Welt der Werke, aber auch die unglaubliche Design-Vielfalt, die mich in ihren Bann zog. Je mehr ich mich mit dieser Welt beschäftigte, umso größer wurde der Wunsch, ein eigenes Design zu kreieren. Eine Uhr zu entwickeln, die technisch auf oberstem Niveau angesiedelt ist. Die ein Design aufweist, das jenseits des Alltäglichen liegt.»

Die Uhrenmodelle von Andreas Hartig heißen Kendo und Jodan, Begriffe aus der rituellen japanischen Kampfsportart mit hoch erhobenem Schwert. Die Formensprache der Zeitmesser gibt sich asketisch wie ein Samurai, um bei diesem Bild zu bleiben, doch sorgen gezielt gesetzte farbige und grafische Elemente für optische Highlights.

Die hochwertige Verarbeitung erstreckt sich auf die Veredelung von Oberflächen, die bei dem für den German Design Award 2016 nominierten Modell Crosslines erstmals auch das Uhrwerk mit einschließen. Sämtliche Designs entstehen in Hartigs Büro in Landshut, von wo aus auch der Webshop betrieben wird, doch die Produktion der Uhren erfolgt komplett bei spezialisierten Zulieferern in der Schweiz.

Mut zu grafischen Formen und knalligen Farben kennzeichnen die Chronographen und Dreizeigeruhren von Andreas Hartig (oben).

HARTIG TIMEPIECES

ANSCHRIFT: Münchnerau 59, 84034 Landshut

TELEFON: 0160 773 13 50

E-MAIL: info@hartig-timepieces.de

HOMEPAGE: www.hartig-timepieces.de

GRÜNDUNG: 2009

MITARBEITER VOR ORT: k. A.

JAHRESPRODUKTION: k. A.

VERTRIEBSSTRUKTUR: Direktvertrieb

HANHART

Hanhart hat sich schon in den zwanziger und dreißiger Jahren des letzten Jahrhunderts einen hervorragenden Ruf als Hersteller von preiswerten und robusten Stoppuhren, Taschen- und Armband-Chronographen erworben. Der Breitensport im Nachkriegsdeutschland wäre ohne die typische Hanhart-Stoppuhr am Band um den Hals des Trainers schlichtweg nicht vorstellbar, und noch heute scheint Hanhart so etwas wie der inoffizielle Erstausrüster der deutschen Sportlehrerschaft zu sein.

Wie viele auf erschwingliche Produkte spezialisierte Firmen geriet auch Hanhart in den achtziger Jahren in den Sog der Globalisierung – auch wenn diese damals noch nicht so hieß. Der Wettlauf gegen billigste Quarztechnik aus Fernost war auf lange Sicht nicht zu gewinnen, und so zog sich die Uhrenfabrik in Gütenbach im Schwarzwald auf ihre Kernkompetenz zurück, wie man so schön sagt. Mit einer kleinen Mannschaft produzierte man wieder mechanische Stoppuhren sowie detailgetreue Repliken der Fliegerchronographen aus dem Zweiten Weltkrieg.

Vor einigen Jahren hatte eine Investorengruppe die Traditionsmarke gekauft und den Firmensitz in die Schweiz verlegt. Die neue Hanhart AG sollte von den Technischen Büros in Gütenbach und einer gut vernetzten Uhren-Infrastruktur in der Schweiz profitieren, ohne die es heutzutage nun einmal nicht geht. Doch die Idee vom «German engineering, Swiss made» funktionierte nicht, und so war nach nur fünf Jahren wieder Schluss. Inzwischen hat Hanhart den Firmensitz zurück in den Schwarzwald verlegt und muss sich wieder einmal auf die Kernkompetenzen besinnen. Aber darin hat man in Gütenbach schließlich Übung.

Die Uhrmacherwerkstätten in Gütenbach werden langsam wieder mit Leben erfüllt. Im ersten Stockwerk des Gebäudes finden sich helle Ateliers mit modernen Werktischen sowie ein kleines Museum mit historischen Exponaten. Aus der aktuellen Kollektion stammen der Chronograph (oben) Pioneer TachyTele mit charakteristischem rotem Drücker sowie (rechte Seite, unten) der Additionsstopper MegaMinute mit Flyback. Rechte Seite oben: Uhren der Racemaster Kollektion.

HANHART 1882 GMBH

ANSCHRIFT: Hauptstraße 33, 78148 Gütenbach

TELEFON: 07723 9344-0

E-MAIL: info@hanhart.de

HOMEPAGE: www.hanhart.com

GRÜNDUNG: 1882 in Diessenhofen (CH); seit 1902 in Gütenbach

MITARBEITER AM ORT: 35

JAHRESPRODUKTION: ca. 100.000 Stoppuhren, < 500 Armbanduhren

VERTRIEBSSTRUKTUR: Fachhandel

HEINECKE

Ein traditionsreiches Juweliergeschäft mit einer kleinen und feinen Uhrenkollektion: Juwelier Heinecke ist seit 1945 ein Familienbetrieb in Hamburg-Eppendorf und ergänzt das Angebot von Marken wie Montblanc, Mühle Glashütte, Tissot, Maurice Lacroix und Dornblüth mit eigenen Zeitmessern. «Wir fertigen ausschließlich Golduhren und bieten auch besondere Modelle wie Goldchronographen oder Beobachtungsuhren», sagt Inhaber Werner Heinecke, der das Geschäft in dritter Generation führt. «Unser Credo ist es, Golduhren zu vergleichsweise günstigen Preisen anzubieten. Auch Uhren in 585/- Gold bieten wir als preisliche Alternative an.» Bei der Gestaltung orientiert man sich an klassischen Uhrenschönheiten: Die Gehäuse sind hochwertig verarbeitet und die Zifferblätter überwiegend dezent und zeitlos gestaltet. Klassisch ist auch das Innenleben: Für die Heinecke-Uhren werden ausschließlich ETA-Werke verbaut. Die Uhren werden im eigenen Geschäft für Preise ab 1500 Euro für die eleganten Damenmodelle und ab 3000 Euro für Herrenuhren verkauft. Möglich sind auch individuelle Modelle, die zum Beispiel den eigenen Namen auf dem Zifferblatt tragen.

Links oben Jan-Werner Heinecke, der in seinem Juweliergeschäft in Hamburg-Eppendorf (unten) eine feine Kollektion von hochwertigen Golduhren anbietet. Links Damenuhr aus Weißgold mit Diamanten, unten Automatik-Chronograph in einem Weißgoldgehäuse.

JUWELIER HEINECKE

ANSCHRIFT: Eppendorfer Weg 246, 20251 Hamburg

TELEFON: 040 4221841

E-MAIL: info@juwelier-heinecke.de

HOMEPAGE: www.juwelier-heinecke.de

GRÜNDUNG: 1945

MITARBEITER AM ORT: 7

JAHRESPRODUKTION: 15 bis 20 Uhren

VERTRIEBSSTRUKTUR: eigenes Ladengeschäft

HOLDERMANN & SOHN

Uhrmachermeister Markus Holdermann hat sein Handwerk im Schwarzwald erlernt und ist gerne in seine Heimatstadt Tübingen zurückgekehrt. Als selbständiger Reparaturuhrmacher arbeitete er für verschiedene ortsansässige Fachgeschäfte, bevor er im benachbarten Rottenburg einen eigenen Laden mit Schwerpunkt auf alten Uhren und Antiquitäten eröffnete. Mitte der neunziger Jahre ergab sich die Möglichkeit, das Geschäft ins Zentrum von Tübingen zu verlegen und das Angebot konsequent in Richtung Uhren auszubauen und auch eigene Armbanduhren zu entwerfen. Inzwischen erfreuen sich seine skelettierten Kreationen aus Holdermann's Uhrenkabinett in lokalen und regionalen Sammlerkreisen immer größerer Beliebtheit, und wer eine Uhr nach besonderen Wünschen gestalten lassen will muss sich mitunter auf Wartezeiten einstellen.

HOLDERMANN & SOHN

ANSCHRIFT: Lange Gasse 12,
72070 Tübingen

TELEFON: 07071 51425

E-MAIL: info@holdermann-sohn.de

HOMEPAGE:
www.holdermann-sohn.de

GRÜNDUNG: 1990

MITARBEITER AM ORT: 1

JAHRESPRODUKTION: k. A.

VERTRIEBSSTRUKTUR:
eigenes Ladengeschäft

Neben Großuhren nach historischen Vorbildern fertigt Markus Holdermann in seinem «Uhrenkabinett» in Tübingen auch Armbanduhren auf Bestellung, ausgestattet vornehmlich mit modernen ETA-Automatikwerken.

HENTSCHEL HAMBURG

Zeit für eine besondere Uhr – handgefertigt und individuell. Nach diesem Leitspruch fertigt Hentschel Hamburg in aufwendiger Handarbeit exklusive, elegante Einzelstücke und Kleinserien im Kundenauftrag. «Angenehm flach, nicht zu groß und mit harmonischen Proportionen – unsere Kunden schätzen den perfekten Tragekomfort», sagt Uhrmacher und Inhaber Andreas Hentschel. Jede Uhr soll sitzen wie ein Maßanzug, daher werden die meisten Modelle der Kollektion in vier verschiedenen Durchmessern angefertigt.

Neben feiner Ästhetik und Individualität liegt der Fokus der Manufaktur auf der Verwendung von mechanischen Uhrwerken, die aktuell möglichst kein anderer Uhrenhersteller verwendet. Um das zu garantieren basieren alle Modelle entweder auf historischen Uhrwerksraritäten oder auf dem komplett in Eigenregie produzierten Manufakturkaliber «Werk 1». Die unbenutzten historischen Uhrwerke stammen aus gesammelten Restbeständen der 1950er bis 1975er Jahre und werden in Hamburg aufbereitet und teilweise modifiziert. Schraubenunruh, Schwanenhalsfeinstellung und geschraubte Goldchatons sind nur einige der technischen Modifikationen, die im Hause Hentschel vorgenommen werden. Klassische Zierschliffe und thermisch gebläute Schrauben runden die Veredelungen ab.

Alle Teile werden von der Manufaktur selbst entworfen und hergestellt oder exklusiv in Auftrag gegeben. Es werden weder Uhrenbauteile anderer Uhrenhersteller, noch sonstige vorgefertigte Bauteile verwendet. Diese hohe eigene Fertigungstiefe garantiert Exklusivität und Qualität.

Andreas Hentschel fertigt Armbanduhren nach alter Väter Sitte. Dazu verwendet er sowohl aufbereitete historische Handaufzugswerke als auch sein eigenes Manufakturkaliber «Werk 1» (Seite gegenüber unten).

HENTSCHEL HAMBURG UHRENMANUFAKTUR

ANSCHRIFT:
Geschwister-Scholl-Straße 119,
20251 Hamburg-Eppendorf

TELEFON: 040 4807813

E-MAIL: info@hentschel-hamburg.de

HOMEPAGE:
www.hentschel-hamburg.de

GRÜNDUNG: 1991

MITARBEITER AM ORT: 9

JAHRESPRODUKTION:
ca. 250 Uhren

VERTRIEBSSTRUKTUR:
Direktvertrieb, eigenes Ladengeschäft

Die Uhren von Andreas Hentschel haben einen besonderen Bezug zur Seefahrt: Die Zifferblätter sind von Schiffschronometern inspiriert.

ICKLER / ARCHIMEDE

Von der Gehäusefertigung zur Uhrenmarke: Archimede stammt aus dem Haus der Firma Ickler GmbH in Pforzheim, deren Geschichte bis ins Jahr 1924 zurückgeht und die seit den 1940er Jahren auf die Herstellung von Uhrengehäusen spezialisiert ist. Daraus entstanden gleich mehrere Uhrenmarken: Neben Archimede mit mechanischen Uhren – funktionale Fliegeruhren, klassische Marineuhren, elegante Zeitmesser, Taucher- und Sportuhren für 500 bis 1000 Euro – gibt es da noch die Fachhandelsmarke Limes mit mechanischen Uhren für Preise zwischen 680 und 1990 Euro sowie die Quarzuhrenmarke Autran & Viala. Die Weichen für diese Vielseitigkeit hat Thomas Ickler gestellt: Der Wirtschaftsingenieur leitet die Firma in dritter Generation. Die Gehäuse fertigt Ickler in Pforzheim, Werke (bei Mechanik sind es ETA- und Sellita-Kaliber) und diverse Habillageteile werden aus dem Ausland bezogen und in Pforzheim montiert. Viel Mühe hat Ickler zudem investiert, um hochwertige, gebläute Stahlzeiger durch Laserschneiden und thermische Behandlung im eigenen Haus herstellen zu können. Damit ist zum Beispiel eine limitierte Edition des Archimede Pilot Chronograph ausgestattet, mit dem das 90-jährige Firmenjubiläum (1924 bis 2014) nachgefeiert wird.

Die Firma Ickler in Pforzheim ist ein traditionsreicher Uhrenhersteller und bietet Armbanduhren unter dem Markennamen Archimede. Oben: Pilot Chronograph mit Automatikwerk ETA Valjoux 7750, unten links DeckWatch mit Handaufzugswerk ETA 6498 (beide mit Edelstahlgehäuse). Unten rechts SportTaucher Bronze mit Automatikwerk SW 200-1 in einem Bronzegehäuse.

ICKLER GMBH

ANSCHRIFT: Hirsauerstraße 214, 75180 Pforzheim

TELEFON: 07231 97290

E-MAIL: info@ickler.de

HOMEPAGES: www.archimede-uhren.de, www.ickler.de

GRÜNDUNG: 1924

MITARBEITER AM ORT: k. A.

JAHRESPRODUKTION: k. A.

VERTRIEBSSTRUKTUR: Direktvertrieb (online) und Händler weltweit

J. B. GIOACCHINO

Am Anfang standen das Design und eine Idee. Schon lange hatte der Uhrenliebhaber Joachim Barisch das Zifferblatt-Design seiner ersten Uhr im Kopf. Die Idee von der eigenen Marke wurde im März 2002 in die Tat umgesetzt: J. B. Gioacchino. Bereits das erste Modell «Esculap» verfügte über eine Pulsometerskala, und bis heute umfasst das Modellangebot zahlreiche Uhren mit einem solchen Pulszähler, was durch einen applizierten Äskulap-Stab symbolisiert wird.

Liebhaber mechanischer Uhren honorieren die Qualität der Verarbeitung und das klassische Design aller Modelle mit steigenden Verkaufszahlen weit über die Grenzen Deutschlands hinaus. Derzeit produziert das inzwischen in Landsberg am Lech ansässige Unternehmen zehn verschiedene Modelle, die in insgesamt 30 Varianten angeboten werden. Die erstklassige Fertigungsqualität entspricht deutscher Wertarbeit; bei den verbauten Uhrwerken handelt es sich ausnahmslos um bewährte Klassiker aus Schweizer Produktion. Der Umbau und die Regulierung des Kalibers JB 91 erfolgen in Deutschland auf der Basis des «Unitas»-Kalibers ETA 6497.

Joachim Barisch entwirft jedes Modell selbst. Er schätzt Nachhaltigkeit, Werte und zukunftsorientiertes Denken. «Design und Funktion dürfen nicht plakativ dominieren», argumentiert er.

Automatik-Chronographen und klassische Handaufzugsuhren sind die Spezialität der Marke J. B. Gioacchino.

J. B. GIOACCHINO MECHANISCHE UHREN

ANSCHRIFT: Hinterer Anger 311, 86899 Landsberg am Lech

TELEFON: 0163 639 88 59

E-MAIL: info@jb-watch.com

HOMEPAGE: www.jb-watch.com

GRÜNDUNG: 2002

MITARBEITER AM ORT: 2

JAHRESPRODUKTION: 100-200 Uhren

VERTRIEBSSTRUKTUR: Direktvertrieb

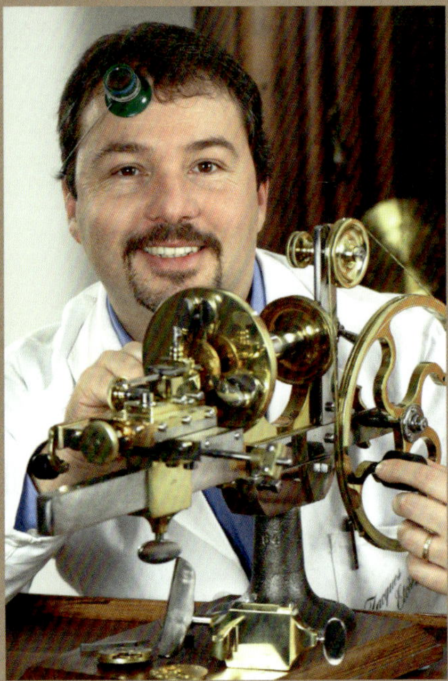

JACQUES ETOILE

Das Herz des Uhrmachermeisters Klaus Jakob schlägt für alte Werte – und alte Werke, die längst nicht mehr produziert werden. Es gelingt dem rastlosen Sammler immer wieder, bei seinen ausgedehnten Reisen durch die Schweizer Uhrenlandschaft alte Manufakturkaliber zu entdecken, die dann liebevoll aufgearbeitet und in ansprechende klassische Gehäuse eingeschalt werden.
Mit seiner höchst erfolgreichen «Zweitmarke» Mercure wendet sich Jakob mit schnörkellosen Uhren an eine eher preisbewusste Klientel. In der kleinen Werkstatt in Lörrach finden Werkveredelung und Montage der Uhren statt. Die Uhrwerke und Zeiger kommen aus der Schweiz, Gehäuse, Zifferblätter und Armbänder bezieht Jakob aus Deutschland.

Klaus Jakob verteilt seine klassischen Zeitmesser auf zwei Kollektionen, die unter den Namen Jacques Etoile und Mercure vertrieben werden. Im Bild oben der Bidynator mit Felsa-Automatikwerk, unten der Mercure Rallyetimer mit Valjoux-Technik.

JACQUES ETOILE UHREN GMBH

ANSCHRIFT: Tumringerstraße 199, 79539 Lörrach

TELEFON: 07621 84303

E-MAIL: klaus.jakob@jacquesetoile.com

HOMEPAGES: www.jacquesetoile.com, www.mercure-uhren.com

GESCHÄFTSFORM: GmbH

GRÜNDUNG: 1996

MITARBEITER AM ORT: 4

JAHRESPRODUKTION: ca. 250 Uhren

VERTRIEBSSTRUKTUR: Fachhandel, eigenes Ladengeschäft

JAEGER & BENZINGER

Hochwertige Bauteile, die ausschließlich aus Deutschland und der Schweiz stammen, gepaart mit Pforzheimer Handwerkskunst sind die Kerneigenschaften der Uhren, die Kay Jaeger und Jochen Benzinger gemeinsam entwickelt haben.
Jaeger beschäftigt sich seit über drei Jahrzehnten mit Uhren, zunächst vornehmlich als Sammler und Berater verschiedener Uhrenmarken. Jochen Benzinger genießt bereits seit Jahren einen hervorragenden Ruf in der Uhrenbranche. Gravieren, Skelettieren, Guillochieren – kaum ein anderer beherrscht die althergebrachten Techniken der Veredelung so perfekt wie der Meisteruhrmacher aus Pforzheim.
Seit Anfang 2013 sind die ersten beiden Editionen von Jaeger & Benzinger erhältlich und werden über den eigenen Manufaktursalon in Baden-Baden und einen Online-Shop vertrieben.

Ganz oben: Kay Jaeger (links) und Jochen Benzinger. Oben: Automatischer Edition 2 Chronograph; rechts und unten: Edition 1 Handaufzug Special Edition mit fein dekoriertem Werk.

KAY-UWE JAEGER MANUFAKTURSALON BADEN-BADEN

ANSCHRIFT: Merkurstraße 2, 76530 Baden-Baden

TELEFON: 07221 3958255

E-MAIL: info@jaeger-benzinger.de

HOMEPAGE: www.jaeger-benzinger.de

GRÜNDUNG: 2012

MITARBEITER AM ORT: 1

JAHRESPRODUKTION: ca. 50 Uhren

VERTRIEBSSTRUKTUR: Direktvertrieb

Mit ungewöhnlich angeordneten Fensteranzeigen sichern sich die Uhren von Jean Marcel einen hohen Aufmerksamkeitswert. Auch der Chronograph (rechts unten) wird dem Motto «Vertical Limit» gerecht.

JEAN MARCEL

Die Wurzeln der Uhrenmarke Jean Marcel gehen auf die Firma A. Gengenbach zurück, die bereits in den 1920er Jahren Armbanduhren herstellte. Inhaber Jürgen Kuhn dirigierte die Marke in den vergangenen Jahren zielsicher in Richtung anspruchsvolles Design und saubere Verarbeitung bis ins Detail. Die Besinnung auf das Wesentliche führte zu einer ausgewogenen Modellpalette, in der auch eingefleischte Mechanik-Enthusiasten mit anspruchsvollem Geschmack auf ihre Kosten kommen. Vom Chronographen über Automatikuhren mit Zeigerdatum, Gangreserveanzeige oder Kleiner Sekunde bis hin zur Taschenuhr – eine Seltenheit in der heutigen Uhrenlandschaft – bietet die Kollektion ein breit gefächertes Sortiment von mechanischen Uhren, deren aufwendige Gestaltung und Ausstattung in einem sehr günstigen Verhältnis zum geforderten Preis stehen.

Mit interessanten Details wie ungewöhnlich platzierten Datums- und Wochentagfenstern, einer Telemeteranzeige am Gegenschenkel des zentralen Stoppsekundenzeigers oder einer in die Entspiegelung der Saphirgläser eingearbeiteten Geheimsignatur, die nur durch Anhauchen kurz sichtbar wird, heben sich die Uhren von Jean Marcel von uninspirierter Konfektionsware ab. Die Uhrenmodelle von Jean Marcel werden ausschließlich in streng limitierten Stückzahlen hergestellt, und alle Uhrwerke sind penibel in fünf Lagen reguliert – der Nachweis dafür findet sich in einem Zertifikat, das Jürgen Kuhn persönlich unterzeichnet und jeder Uhr beilegt. Getreu dem Firmenmotto «erschwinglicher Luxus» liefert Kuhn die Uhren vorwiegend über den Online-Store direkt an seine Endkunden aus.

JEAN MARCEL MONTRES GMBH

ANSCHRIFT: Schulstr. 10, 76532, Baden-Baden

TELEFON: 07221 969814

E-MAIL: info@jeanmarcel.com

HOMEPAGE: www.jeanmarcel.com

GRÜNDUNG: 1925/1995

MITARBEITER AM ORT: k. A.

JAHRESPRODUKTION: k. A.

VERTRIEBSSTRUKTUR: Fachhandel, Direktvertrieb

JUNKERS & ZEPPELIN

Hugo Junkers war ein Pionier der deutschen Luftfahrt – sein Name lebt heute auf Uhren der Firma Pointtec fort, die ihren Sitz in Ismaning bei München hat und 1987 von Wilhelm Birk gegründet wurde. Uhren von Junkers zitieren in ihrem Design charakteristische Elemente der Flugzeuge von Hugo Junkers: Insbesondere die Fliegeruhren berufen sich mit zeitlosem Retro-Charme deutlich auf die großartige Zeit der Flugpioniere, einige Modelle greifen auf dem Zifferblatt sogar die Wellblechstruktur von Junkers-Maschinen auf. In der Kollektion Junkers Bauhaus kommt die Verbindung von Hugo Junkers zur Bauhaus-Bewegung in Dessau zum Ausdruck.

Neben Junkers befindet sich unter dem Dach des Unternehmens Pointtec auch die Marken Zeppelin, die ebenfalls auf die deutsche Luftfahrtgeschichte verweist: Unter anderem durch ein Design im Retro-Stil, die Gestaltung der Zifferblätter und durch das Logo – einen stilisierten Zeppelin mit einem „Z“ in der Mitte.
Seit kurzem ergänzt eine dritte Marke das Portfolio des Unternehmens Pointtec: Damenuhren unter dem Namen Rosenthal mit aufwendig gearbeiteten Porzellan-Zifferblättern aus den Werkstätten des renommierten deutschen Anbieters von Tisch- und Wohnkultur.
Design, Entwicklung und Montage der Uhren aller Marken finden bei Pointtec statt. Zur Verwendung kommen ausschließlich Komponenten von renommierten Herstellern sowie Qualitäts-Uhrwerke zum Beispiel von ETA, Sellita, Ronda und Citizen. Die Kunden schätzen laut Pointtec das Label «made in Germany»: «Das trägt dazu bei, unseren hohen Qualitätsanspruch glaubhaft an die Kunden zu transportieren», so ein Unternehmenssprecher.

Oben Firmengründer Wilhelm Birk;
links außen ETA Valjoux 7753-Chronograph 7620-1 100 Jahre Zeppelin;
links ETA Valjoux 7750-Chronograph Junkers 6824-3 Mountain Wave Project.

POINTTEC ELECTRONIC GMBH

ANSCHRIFT: Steinheilstr. 6, 85737 Ismaning

TELEFON: 089 963023

E-MAIL: info@pointtec.de

HOMEPAGE: www.pointtec.de

GRÜNDUNG: 1987

MITARBEITER AM ORT: 20

JAHRESPRODUKTION: 150.000 Uhren

JUNGHANS

Die Erfolgsgeschichte der deutschen Uhrenindustrie wurde ursprünglich nicht im Erzgebirge geschrieben, sondern im Schwarzwald. Genauer gesagt in Schramberg, einem tief zwischen die bewaldeten Höhen geduckten Ort an der alten Handelsroute zwischen Straßburg und dem Bodensee. Hier gründete Eberhard Junghans 1861 eine Uhrenfabrik, die sein Sohn Arthur bis zur Jahrhundertwende zu einem Großbetrieb nach amerikanischem Muster ausbaute. Um 1900 war Schramberg der Nabel der Uhrenwelt: In den Fabrikgebäuden an der Geißhalde produzierten dreitausend Männer und Frauen neuntausend Wanduhren und Wecker – täglich!

Armbanduhren mit dem Junghans-Stern begleiteten das Wirtschaftswunder und läuteten mit selbst entwickelter Solar- und Funktechnik die Uhren-Neuzeit ein. Zweimal war Junghans offizieller Zeitnehmer bei Olympischen Spielen und zählte lange Zeit zu den größten Chronometerherstellern der Welt. Als Qualität in der Kundengunst nicht mehr an erster Stelle stand, wurde es langsam still um den Giganten aus dem Schwarzwald, doch als in den 1990er Jahren mechanische Armbanduhren wieder in Mode kamen, erinnerte sich so mancher mit Wehmut an die zuverlässigen Zeitmesser aus Schramberg.

So auch Dr. Hans-Jochem Steim, ein erfolgreicher Schramberger Unternehmer, dem die Renaissance der traditionsreichen Uhrenmarke zu langsam voranging. Zusammen mit seinem Sohn Hannes Steim kaufte er das Unternehmen und nahm die Finanzierung der notwendigen Strukturmaßnahmen selbst in die Hand. Pünktlich zum 150. Jubiläumsjahr (2011) meldete sich Junghans mit neuen produktions- und vertriebstechnischen Perspektiven zurück, und heute präsentiert die Marke stolz eine breit gefächerte Kollektion hochwertiger Armbanduhren von der Design-Ikone über den Großen Klassiker bis hin zum sportlichen Chronographen.

Der Erfolg von Junghans beflügelt auch die Entwicklung verschiedener Zulieferbetriebe in der Region, und inzwischen ist der Name Schramberg wieder in fetten Lettern auf der deutschen Uhren-Landkarte verzeichnet.

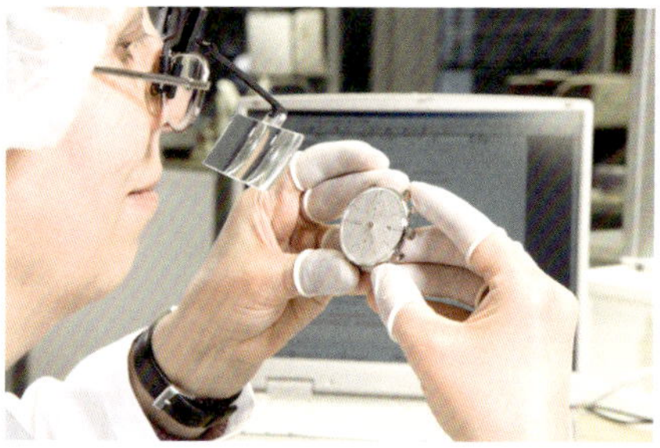

Die Kollektion «Meister» weckt mit gewölbten Zifferblättern und schmalen Lünetten Erinnerungen an die 1950er Jahre.

Seite gegenüber: Vater Hans-Jochem und Sohn Hannes Steim retteten als stolze Schramberger Geschäftsleute den angeschlagenen Uhrenbetrieb an der Geißhalde und wollen den historischen «Terrassenbau» zum Museum umgestalten.

UHRENFABRIK JUNGHANS GMBH & CO. KG

ANSCHRIFT: Geißhaldenstraße 49, 78713 Schramberg

TELEFON: 07422 18-0

E-MAIL: info@junghans.de

HOMEPAGE: www.junghans.de

GRÜNDUNG: 1861

MITARBEITER AM ORT: 122

JAHRESPRODUKTION: ca. 50.000 Uhren

VERTRIEBSSTRUKTUR: Fachhandel

Der Schweizer Formgeber Max Bill bescherte der Schwarzwälder Uhrenmarke in den 1960er Jahren ein Jahrhundert-Design, das noch heute wirkt.

Neben Funk- und Solartechnik (oben) setzt Junghans auf die Renaissance historischer Erfolgsmodelle wie dem Bundeswehrchronographen, der 2016 als Meister Pilot neu aufgelegt wird.

KUDOKE

Der Uhrmacher Stefan Kudoke ging bei zwei erfahrenen Uhrmachermeistern in die Lehre und verfeinerte in einer großen Glashütter Manufaktur seine Fertigkeiten im Atelier für Komplikationen und Prototypenbau. Als er mit 22 Jahren seinen Meisterbrief in Händen hielt, hängte er noch ein BWL-Studium an, um sich fortan ganz seiner eigenen kleinen Firma widmen zu können, die unlängst von Frankfurt/Oder nach Dresden umgezogen ist.

Zu Kudokes Spezialitäten zählen von Hand ausgeführte Skelettarbeiten und Gravuren. Durch die Verwirklichung von Sonderwünschen spiegelt jede seiner Uhren die Einzigartigkeit ihres Besitzers wider und repräsentiert dessen unverwechselbaren Charakter. Jede «Kudoke» ist ein Unikat.

Der Graveur und erst recht der Skeletteur braucht ein gutes Auge, um in der Konstruktion eines Uhrwerks organische Formen zu erkennen und freizulegen. Der «Kudoktopus» (unten) ist ein wahres Meisterstück aus dem Atelier von Stefan Kudoke.

KUDOKE UHREN

ANSCHRIFT: Heinrichstraße 8, 01097 Dresden

TELEFON: 0351 160 76 144

E-MAIL: info@kudoke.eu

HOMEPAGE: www.kudoke.eu

GRÜNDUNG: 2008

MITARBEITER AM ORT: 2

JAHRESPRODUKTION: 50 bis 70 Uhren

VERTRIEBSSTRUKTUR: Direktvertrieb, Fachhandel

LACO 1925

Das Unternehmen Lacher & Co., aus dessen Anfangssilben sich der Name Laco ableitet, wurde in der Mitte der 1920er Jahre von Frieda Lacher und Ludwig Hummel in Pforzheim gegründet. Der Visionär baute 1933 auch den Werkehersteller Durowe (Deutsche Uhren-Rohwerke) auf, der die Uhrenfabrik Laco komplett mit eigenen Werken versorgte und gleichermaßen andere Fabriken belieferte.
Nach wechselhafter, aber durchaus erfolgreicher Nachkriegsgeschichte geriet Laco in Vergessenheit. Doch in den 1980er Jahren erinnerte man sich bei der «Uhrenfabrik Erich Lacher», die all die Jahre als «kleine Schwester» von Laco existiert und im Private-Label-Bereich Uhren produziert hatte, an den gemeinsamen Ursprung und die bedeutende Tradition des Namens Laco. Der geschäftsführende Gesellschafter Horst Günther erwarb 1988 die Namensrechte und die Wortbildmarke Laco und konnte fortan wieder hochwertige Uhren anbieten. Heute liegen die Geschicke der Firma Laco bei Andreas Günther in der sechsten Inhabergeneration.

Oben von links: Laco-Chefin Dorothea Günther und Vertriebsleiterin Gabriele Farr. Die Bandbreite der Marke Laco reicht von modern gezeichneten Designeruhren bis zu detailgetreu nachgebildeten Repliken großer Laco-Klassiker. Links charakteristische Fliegeruhren, unten Modell Vintage mit Automatikwerk.

LACO UHRENMANUFAKTUR GMBH

ANSCHRIFT: Rastatter Straße 8, 75179 Pforzheim

TELEFON: 07231 1575-0

E-MAIL: info@laco.de

HOMEPAGE: www.laco.de

GRÜNDUNG: 1925

MITARBEITER AM ORT: 15

JAHRESPRODUKTION: ca. 50.000 Uhren

VERTRIEBSSTRUKTUR: Fachhandel

LANG & HEYNE

Jedes Jahr verlässt eine exklusive Zahl Uhren die historisch anmutenden Werkstatträume der kleinen Dresdner Manufaktur, alle aus edelsten Materialien gefertigt und mit teilweise ausgefallenen Mechanismen ausgestattet. Besonders stolz ist Firmengründer Marco Lang, selbst Uhrmacher in fünfter Generation, auf die große Fertigungstiefe der edlen Manufaktur. Die Herstellung einer Lang & Heyne bedarf höchster handwerklicher Fähigkeiten und Kenntnisse der erfahrenen Mitarbeiter, von der Konstruktion und Herstellung der Uhrwerksteile, Zeiger und Gehäuse bis hin zur Finissage, dem ästhetischen und funktionellen Aufbereiten der Rohteile. Dabei erwecken die Spezialisten in Sachen Tradition längst vergessen geglaubte Verfahren wie das Anreibeversilbern wieder zu neuem Leben.

Stilistisch angelehnt an sächsische Taschenuhren des 19. Jahrhunderts, trägt jedes Modell von Lang & Heyne den Namen eines bedeutenden sächsischen Fürsten. Doch nicht die Nachahmung, sondern die zeitgemäße Interpretation traditioneller sächsischer Uhrmacherkunst ist es, womit die Manufaktur Uhren-Connaisseure auf der ganzen Welt in Begeisterung versetzt.

Seit Anfang 2013 ist Lang & Heyne über die Zugehörigkeit zur Tempus-Arte-Gruppe auch mit der Werkemanufaktur Uhren-Werke Dresden (UWD) verbunden.

Fein mattierte, anreibevergoldete Dreiviertelplatinen und kunstvolle Prunkzeiger sind Markenzeichen der Dresdner Uhrenmanufaktur Lang & Heyne.

UHRENMANUFAKTUR LANG & HEYNE GMBH

ANSCHRIFT: Weißenberger Str. 10, 01324 Dresden

TELEFON: 0351 8023440

E-MAIL: manufaktur@lang-und-heyne.de

HOMEPAGE: www.lang-und-heyne.de

GRÜNDUNG: 2001

MITARBEITER AM ORT: 10

JAHRESPRODUKTION: ca. 50 Uhren

VERTRIEBSSTRUKTUR: Fachhandel, Direktvertrieb

Das Modell Friedrich III. markiert als schlichte Dreizeigeruhr mit Kleiner Sekunde sozusagen die Einsteiger-Preislage der Manufaktur Lang & Heyne.

LEHMANN

In seiner Hauptfirma baut Markus Lehmann hochpräzise Werkzeugmaschinen und fertigt knifflige Präzisionsteile. Sonst würde er kaum auf die Idee kommen, Zeiger und Zifferblätter für seine Uhren aus dem Vollen zu fräsen oder Werkplatinen mit mikrofeinen dreidimensionalen Mustern zu verzieren. Dank des Maschinenparks von Lehmann Präzision erreicht die Lehmann Uhrenmanufaktur eine ausgesprochen hohe Qualität ihrer Uhrenteile und ist aufgrund der großen Fertigungstiefe weitgehend unabhängig von Zulieferern aus der Uhrenindustrie. Die verwendeten Rohwerke stammen aus der Schweiz und werden zum Teil mit exklusiven Komplikationen bestückt. Alle Uhren aus der Lehmannschen Manufaktur werden als geprüfte Chronometer ausgeliefert.

Die Montage der Uhren erfolgt im Gut Berneck in Schramberg, das Arthur Junghans sich vor 100 Jahren als privates Domizil bauen ließ. Lehmann hat dort ein großzügiges, lichtdurchflutetes Atelier eingerichtet und dieses mit vier Uhrmachern bzw. Uhrmacherinnen besetzt.

Die Gehäuse der Intemporal-Modelle glänzen durch sorgfältigste Verarbeitung. Alle Lehmann-Uhren sind nach DIN geprüfte Chronometer.

Nüchterne Sachlichkeit mit einem Hauch Postmoderne: Bei Lehmann ist man auf das Wesentliche fokussiert. Selbst die diamantbesetzte Damenuhr gibt sich eher zurückhaltend.

LEHMANN PRÄZISIONSUHREN GMBH

ANSCHRIFT: Gut Berneck, Weihergasse 40, 78713 Schramberg

TELEFON: 07422 9592094

E-MAIL: info@lehmann-uhren.com

HOMEPAGE: www.lehmann-uhren.com

GRÜNDUNG: 2011

MITARBEITER AM ORT: 5

JAHRESPRODUKTION: k. A.

VERTRIEBSSTRUKTUR: Fachhandel

LEINFELDER UHREN

Seit 1997 beschäftigt sich das Team der Leinfelder Goldschmiede neben der Kreation exklusiver Schmuckstücke auch mit der Entwicklung und Fertigung von Armbanduhren. Zusammen mit dem passionierten Uhrenliebhaber und Unternehmer Prof. Dr. Ulrich L. Rohde wurde 2010 schließlich die eigenständige Leinfelder Uhren München GmbH & Co. KG gegründet. Aus hochwertigen Materialien und mit viel Liebe zum Detail entstehen in der Münchner Traditionswerkstatt edle, elegante Zeitmesser für Individualisten – sowohl für Damen als auch für Herren.

Nur drei Jahre später gründete Prof. Dr. Rohde die Tempus-Arte-Gruppe und wurde Teilhaber der feinen Dresdner Uhrenmanufaktur Lang & Heyne, deren kreativen Kopf Marco Lang er überdies mit dem Aufbau einer Uhrenwerkefabrik betraute. Das erste Kaliber der Uhren-Werke Dresden (UWD), in Rekordzeit entwickelt, debütiert im Innern einer Elysium-Herrenuhr von Leinfelder. Das Handaufzugswerk trägt die Kaliberbezeichnung L-H01 und wird mit einer Fertigungstiefe von über 95 % komplett in Deutschland hergestellt. Mit einem Durchmesser von 33 und einer Höhe von 4 Millimetern fügt sich das Manufakturwerk mit einer Gangreserve von über 50 Stunden harmonisch in die Gehäuse der Elysium-Modelle ein. Die Energie wird in einem fliegenden, einseitig gelagerten Federhaus gespeichert. Die Frequenz beträgt 21.600 Halbschwingungen pro Stunde (3 Hz). Der Gang der Uhren lässt sich durch Drehen der Exzentergewichte im Unruhsystem ausregulieren. Eine zusätzliche komfortable Feinregulierung und Abfallfeinstellung ist über das Rückersystem möglich.

LEINFELDER UHREN MÜNCHEN GMBH & CO. KG

ANSCHRIFT: Pacellistr. 4, 80333 München

TELEFON: 089 2420394-0

E-MAIL: info@leinfelder-uhren.de

HOMEPAGE: www.leinfelder-uhren.de

GRÜNDUNG: 2010

MITARBEITER AM ORT: 7

JAHRESPRODUKTION: k. A.

VERTRIEBSSTRUKTUR: Fachhandel, Direktvertrieb

Klassische, hochwertig verarbeitete Golduhr mit interessantem Manufakturkaliber aus den Uhren-Werken Dresden (UWD).

LOTTERMANN & SÖHNE

In einer umgebauten Tabakscheune im Mannheimer Stadtteil Seckenheim entstehen in aufwendiger Handarbeit Armbanduhren mit Dreizeiger-Handaufzugswerken sowie kleinste Serien von Spezialitäten wie Weltzeit-Uhren, Tourbillons und anderen technischen Animationen, wie z. B. eine minutengenau ablesbare Einzeigeruhr. Lottermann und Söhne produzieren auch die Uhren der Marke Blancier Handmade Watches, die man im Baukastensystem am PC konfigurieren kann, sowie Sonderserien für Drittmarken. Die Verwendung plattgedrückter Aluminium-Kaffeekapseln als Zifferblätter für die Hausmarke «Grand Cru» haben sich Lottermann und Söhne schützen lassen.

Neben den schlichten Handaufzugsuhren für die Internetmarke Blancier entstehen bei Lottermann & Söhne auch Spezialitäten wie ein minutengenau ablesbarer Regulator, eine Uhr mit Planetenradantrieb für den Minutenzeiger oder eine Uhr mit einer flachgedrückten Kaffeekapsel als Zifferblatt. Wenn es verlangt wird, bauen Till Lottermann und Franz Wolff auch ein Tourbillon in ein Taschenuhrwerk …

LOTTERMANN & SÖHNE

ANSCHRIFT:
Seckenheimer Hauptstr. 128,
68239 Mannheim

TELEFON: 0621 473010

E-MAIL:
uhrenseminare-lottermann@t-online.de

HOMEPAGE:
www.lottermannundsoehne.de

GRÜNDUNG: 1909

MITARBEITER AM ORT: 3

JAHRESPRODUKTION:
100 bis 200 Uhren

VERTRIEBSSTRUKTUR:
Direktvertrieb

MARCELLO C

1993 beschloss Marcell Kainz, der zuvor langjährig im Vertrieb verschiedener Uhrenmarken gearbeitet hatte, seine eigene Uhrenmarke aufzubauen – die Erfüllung eines lang gehegten Lebenstraums. In den mittlerweile über 20 Jahren ihres Bestehens nahm die Uhrenmarke Marcello C unter seiner Führung eine erfolgreiche Entwicklung: Die sportlichen Zeitmesser der Marke aus Würselen bei Aachen sind heute nicht nur bei vielen guten Adressen in Deutschland, sondern auch in den wichtigen Märkten weltweit zu finden. Neben den rund 400 Fachhändlern in Deutschland ist die Marke auch in der Schweiz, in Österreich, Italien, Skandinavien, Japan, China und Dubai anzutreffen. Kainz wollte vor allem durch Qualität überzeugen und griff aus diesem Grund von Beginn an auf renommierte Zulieferer aus der Schweiz und aus Deutschland zurück. In der modern eingerichteten Werkstatt in Würselen werden Montage, Finishing und Regulierung vorgenommen, auch Verwaltung, Vertrieb und Service sind hier beheimatet.
Neben dem über Jahre immer weiter verbesserten Erfolgsmodell «Nettuno» prägt seit 2007 die von Marcell Kainz selbst entworfene «Diavolo» das Gesicht der Marke. Von sportlich bis klassisch, von bunt bis zurückhaltend, von der Dreizeigeruhr bis zum Chronographen ist hier für jeden Geschmack etwas zu finden. 2015 präsentiert Kainz zum ersten Mal eine Uhr unter seinem eigenen Namen: Die schlicht „Kainz“ genannte Uhr ist eine Verneigung vor den Schweizer Klassikern, die Marcell Kainz zu seiner Kollektion inspirierten.

Oben Firmengründer Marcell Kainz, unten links die Taucheruhr Nettuno 3, rechts Modell Kainz mit ETA-Automatikwerk.

MARCELLO C

ANSCHRIFT: Luciastraße 19, 52146 Würselen

TELEFON: 02405 475353

E-MAIL: mail@marcelloc.de

HOMEPAGE: www.marcelloc.de

GRÜNDUNG: 1993

MITARBEITER AM ORT: 8

JAHRESPRODUKTION: k. A.

VERTRIEBSSTRUKTUR: Fachhandel

MANFRED SCHNEIDER (MSC)

Unikate, Individualisierung von Uhren sowie eine kleine, überschaubare Kollektion: Uhrmachermeister Manfred Schneider sieht in Uhren ein Stück Lebensqualität und versucht, Zeit durch Mechanik greifbar zu machen. Dabei nutzt er schön finissierte Schweizer ETA- und Unitas-Werke, die er klassisch in Szene setzt – mit dezenten Gehäusen in Gold oder Edelstahl. Auch die Zifferblätter geben sich klassisch, oft mit hochwertigen Appliken besetzt. Die Modelle kosten zwischen 400 und 900 Euro. Wie die Uhrwerke bezieht Schneider auch diverse Habillageteile aus der Schweiz, andere Elemente stammen aus Deutschland. Die Montage findet ausschließlich in der Werkstatt in Dülmen statt. Das erlaubt das Eingehen auf Sonderwünsche: Ob ein spezielles Zifferblatt oder eine komplett maßgeschneiderte Uhr – all das ist bei MSC möglich. Und die Nachfrage steigt: Schneider fertigt in seiner Werkstatt immer häufiger Zifferblätter nach den Vorstellungen von Kunden – nicht nur für MSC Uhren, sondern auch für Zeitmesser anderer Hersteller. Am beliebtesten ist es, ein Wunschmotiv auf das Zifferblatt aufbringen zu lassen, zum Beispiel Familienwappen oder Abbildungen von Autos in Originalfarbe mitsamt Nummernschild. Dafür kommen verschiedene Techniken zum Einsatz – von individuellem Druck bis hin zu Laser. Eine einfarbige Abbildung auf einem Zifferblatt ist ab etwa 300 Euro erhältlich.

Manfred Schneider fertigt Uhren mit ETA- und Unitas-Werken und realisiert auf den Zifferblättern Wunschmotive der Kunden.

MANFRED SCHNEIDER & CO.

ANSCHRIFT: Tibergasse 10, 48249 Dülmen

TELEFON: 02594 8409107

E-MAIL: msc.uhren@gmail.com

HOMEPAGE: www.msc-uhren.com

GRÜNDUNG: 1998

MITARBEITER AM ORT: 2

JAHRESPRODUKTION: k. A.

VERTRIEBSSTRUKTUR: Direktvertrieb

MEISTERSINGER

Mit einer kleinen Kollektion stilistisch sauber gezeichneter Einzeigeruhren startete Manfred Brassler Anfang des neuen Jahrtausends mit überraschendem Erfolg in den deutschen Uhrenmarkt. Zwischenzeitlich gab es auch einige eher konventionelle Dreizeigeruhren, doch heute konzentriert MeisterSinger sich wieder ganz auf Einzeigeruhren, denn sie sind der Kern der Marke und verkörpern die Haltung der entspannten und selbstbestimmten Zeitwahrnehmung. Auch bei den wenigen Mehrzeigeruhren wie dem Paleograph oder dem Regulator «Singulator» steht die Idee des Stundenzeigers als wichtigste Indikation stets im Vordergrund.
Design, Produkt- und Produktionsplanung, Service, Kundendienst, Marketing, Vertrieb und Unternehmenssteuerung haben ihren Sitz in Münster, die Uhren selbst sind jedoch «Swiss made» mit Werken von ETA und Sellita. Die Circularis verfügt als erstes Modell über das eigenständige MeisterSinger-Handaufzugskaliber mit zwei Federhäusern, entwickelt in Zusammenarbeit mit der Schweizer Firma Synergies Horlogères.

MeisterSinger ist im Hafen von Münster angesiedelt und könnte die Uhren über den Dortmund-Ems-Kanal in alle Welt verschiffen – theoretisch.

Auch der Paleograph bleibt dem Prinzip der Einzeigeruhr treu: Der Hauptzeiger (Stundenzeiger) dient der Zeitanzeige, die Chronographen-Totalisatoren ordnen sich unter. Einen Minutenzeiger gibt es nicht – nur einen Minutenzähler bei der «9». Auf der Seite gegenüber die Werkansicht Handaufzugkalibers.

MEISTERSINGER GMBH & CO. KG

ANSCHRIFT: Hafenweg 46, 48155 Münster

TELEFON: 0251 1334860

E-MAIL: info@meistersinger.de

HOMEPAGE: www.meistersinger.de

GRÜNDUNG: 2001

MITARBEITER AM ORT: 12

JAHRESPRODUKTION: ca. 8000 Uhren

VERTRIEBSSTRUKTUR: Fachhandel

MeisterSinger
Circularis

Das streng symmetrisch aufgebaute MeisterSinger-Manufaktur-Handaufzugskaliber MSH 01 besorgt den Antrieb der Circularis (Seite gegenüber) mit zwei Federhäusern. Unten der Perigraph mit zusätzlicher Datumsscheibe und die Pangaea Day-Date mit Datums- und Wochentagsanzeige.

MITSCHELE WATCH FACTORY

Für die Firma Mitschele in Pforzheim ist «made in Germany» ein wichtiges Element, «da es ein herausragendes Qualitätsmerkmal ist und wesentlich zur Kaufentscheidung des Endkunden beiträgt», heißt es aus dem Unternehmen. Dieses wurde 1999 gegründet und ist auf den Private-Label-Bereich spezialisiert. Der Familienbetrieb arbeitet zum Beispiel für Mercedes-Benz, Audi, Volkswagen und MAN, aber auch für Juweliere. Für diese Unternehmen entwirft, entwickelt und produziert die Firma Mitschele Damen- und Herrenarmbanduhren mit dem Logo des jeweiligen Kunden. Die Produktionspalette umfasst sowohl Werbeuhren aus Plastik und Edelstahluhren in vielen Varianten als auch hochwertige Luxusuhren mit mechanischen Werken. Daneben bietet Mitschele eigene Uhren an – sportliche Herrenchronographen mit Ronda-Quarzwerken. Eine Besonderheit des Hauses ist ein komfortables, zum Patent angemeldetes Bandwechselsystem mit der Bezeichnung «Easy Click». Hauptsitz der Firma Mitschele ist Pforzheim mit eigenem Designbüro und einer von einem Uhrmachermeister geleiteten Werkstatt; zusätzlich führt man eine Firma in Hong Kong und ein Büro in Dubai.

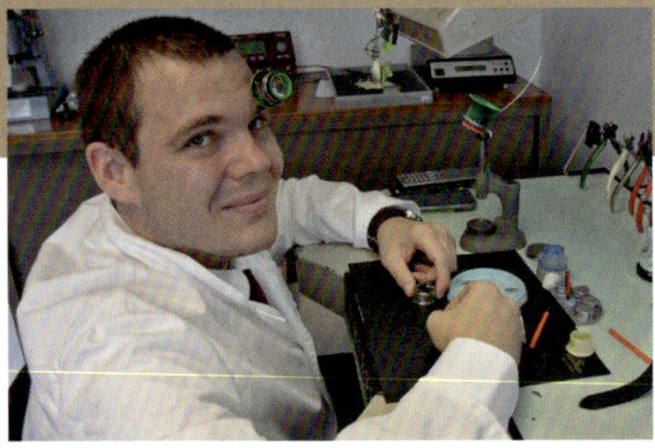

Ganz oben Geschäftsführer Albert W. Glosse, darunter Philipp Glosse. Ihr Unternehmen ist auf den Private-Label-Bereich spezialisiert und bietet zusätzlich eine eigene Quarzuhren-Kollektion.

ERNST MITSCHELE UHREN UND SCHMUCK GMBH

ANSCHRIFT: Dennigstraße 14, 75179 Pforzheim

TELEFON: 07231 454340

E-MAIL: info@mitschele-watch.com

HOMEPAGE: www.mitschele-watch.com

GRÜNDUNG: 1999

MITARBEITER AM ORT: 7

JAHRESPRODUKTION: k. A.

VERTRIEBSSTRUKTUR: Industrie und Fachhandel

MÖCKEL

Auch im westlichen Erzgebirge gibt es eine Uhren-Tradition, wenngleich eine vergleichsweise junge: Uhrmachermeister Frank Krause leitet in vierter Generation das 1921 in Schneeberg gegründete Uhren- und Schmuckhaus und hat vor acht Jahren begonnen, eigene Uhren zu bauen. Die Bandbreite reicht dabei von konfektionierten Standards bis hin zu aufwendig umgebauten und nach allen Regeln der Uhrmacherkunst verfeinerten Unikaten, die zumeist auf der Basis eines Taschenuhrwerks (ETA Kaliber 6497 oder 6498 «Unitas») entstehen. Typisch sächsische Dreiviertel- oder Zweidrittel-Platine mit verschraubten Lagerchatons, Schwanenhals-Feinregulierung, handgravierter Unruhkloben, Anglagen, Perlagen und Vergoldungen – der Kreativität des Meisters sind kaum Grenzen gesetzt.

Klassische Dreizeigeruhren und aufwendige Umbauten mit teilweise neu angefertigten Platinen und invertierten Zeigerwerken sind die Spezialität von Uhrmachermeister Frank Krause.

UHRENMANUFAKTUR MÖCKEL

ANSCHRIFT: Zwickauer Straße 1
08289 Schneeberg i. Sa.

TELEFON: 03772 28507

E-MAIL: info@uhren-schmuck-haus-moeckel.de

HOMEPAGE: www.uhren-moeckel.de

GRÜNDUNG: 1921/2007

MITARBEITER AM ORT: k. A.

JAHRESPRODUKTION: k. A.

VERTRIEBSSTRUKTUR:
Direktvertrieb, eigenes Ladengeschäft

MORITZ GROSSMANN

Die Manufaktur Moritz Grossmann entwickelt und fertigt Armbanduhren in höchster handwerklicher Kunstfertigkeit. Die Grossmann'schen Uhrmacher wahren die Tradition und interpretieren sie ins 21. Jahrhundert. Moritz Grossmann war in der zweiten Hälfte des 19. Jahrhunderts eine der zentralen Figuren in der Entstehungsgeschichte der Uhrmacherkunst im sächsischen Glashütte. 1854 gründete er dort seine eigene mechanische Werkstatt, wo er Gangmodelle, feine Taschenuhren, Präzisionspendeluhren sowie Chronometer konstruiert und fertigt. Moritz Grossmann nahm sich viel Zeit für Forschung und Lehre und gründete 1878 die Deutsche Uhrmacherschule in Glashütte. Mit seinem Tod 1885 erlosch auch seine Firma.

Christine Hutter, selbst gelernte Uhrmacherin, sicherte sich die Markenrechte am Namen des bedeutenden Uhrenpioniers und gründete am 11. November 2008 die Grossmann Uhren GmbH in Glashütte. Sechs Jahre nach Gründung der unabhängigen Manufaktur wurden sechs – teils streng limitierte – Uhrenmodelle entwickelt: Benu, Benu Gangreserve, Benu Tourbillon, Atum, Tefnut und Tefnut Lady, allesamt benannt nach Göttern aus der ägyptischen Mythologie.

Die mechanischen Werke der jungen Marke Moritz Grossmann Glashütte i/Sa. stehen für außergewöhnliche technische Lösungen und konstruktive Details wie die Grossmann'sche Unruh und den Grossmann'schen Handaufzug mit Drücker. Den technischen Höhepunkt stellt die im November 2013 vorgestellte Benu Tourbillon dar, deren fliegend gelagertes Drei-Minuten-Tourbillon mit einem Bremsring aus Pockholz und einem Sekundenstopp aus menschlichem Haar überrascht.

Das Prinzip, nach dem Uhren von Moritz Grossmann konstruiert sind, sorgt dabei für höchste Funktionssicherheit und Langlebigkeit. Damit transportiert die Manufaktur pure Uhrmacherkunst nicht nur ins Hier und Jetzt, sondern macht sie zugleich für mehr als nur eine Generation erlebbar.

Neu in dieser Kollektion von Moritz Grossmann: Die schlichte Zweizeigeruhr Tefnut, auch sie benannt nach einer ägyptischen Gottheit. Seite gegenüber: Geschäftsführerin Christine Hutter

GROSSMANN UHREN GMBH

ANSCHRIFT: Uferstraße 1, 01768 Glashütte

TELEFON: 035053 3200-0

E-MAIL: info@grossmann-uhren.com

HOMEPAGE: www.grossmann-uhren.com

GRÜNDUNG: 2008

MITARBEITER AM ORT: 46

JAHRESPRODUKTION: k. A.

VERTRIEBSSTRUKTUR: Fachhandel

Schlicht, aber hochfein finissiert bis in die kleinsten Details: Bereits die schlanken Zeiger des Modells Benu sind Beispiele für höchste handwerkliche Präzision.

Das Benu Tourbillon verfügt über ein fliegend gelagertes Tourbillon mit extrem großer Unruh. Die Spirale ist dahinter angeordnet, um den Blick auf das mit 18.000 A/h schwingende Reguliersystem nicht zu verstellen. Den Sekundenstopp übernimmt ein feines Haarbüschel, das beim Ziehen der Krone ganz sanft gegen den Unruhreif stupst.

MÜHLE-GLASHÜTTE

Der Ursprung des Glashütter Familienunternehmens liegt im Jahr 1869 in der Gründung der Firma Robert Mühle & Sohn. Das Unternehmen stellte Präzisionsmessgeräte für die heimische Uhrenindustrie und die Uhrmacherschule her. In den frühen 1920er Jahren etablierte sich der Betrieb mit Tachometern, Autouhren, Drehzahlmessern und Messgeräten als Zulieferer für die Automobilindustrie. Zu DDR-Zeiten ging die Firma im großen volkseigenen Betrieb der GUB auf, doch nach der Wiedervereinigung erfolgte eine Neugründung als GmbH. 2007 trat Thilo Mühle als Geschäftsführer die Nachfolge seines Vaters Hans-Jürgen Mühle an.

Das 1996 erfolgreich begonnene Armbanduhrengeschäft hat den Ursprung der Firma im Bau nautischer Instrumente etwas in den Hintergrund gedrängt. Der Schwerpunkt der Kollektion liegt auf mechanischen Armbanduhren im Einsteiger- bis Mittelpreissegment. In diesen Uhren kommen Schweizer Grundwerke zum Einsatz, die Mühle mit eigenen Entwicklungen wie etwa der patententierten Specht-hals-Regulierung ausstattet. Die Modifizierungen sind teilweise so tiefgreifend, dass die Vergabe einer eigenen Kaliberbezeichnung notwendig ist.

Darüber hinaus hat Mühle im Jahre 2014 eine traditioneller ausgerichtete Manufakturlinie unter dem Namen «R. Mühle & Sohn» eingeführt. Den Auftakt dazu bilden die Robert Mühle Auf/Ab und die Robert Mühle Kleine Sekunde, deren Uhrwerke RMK 01 und RMK 02 völlig neu konstruiert wurden.

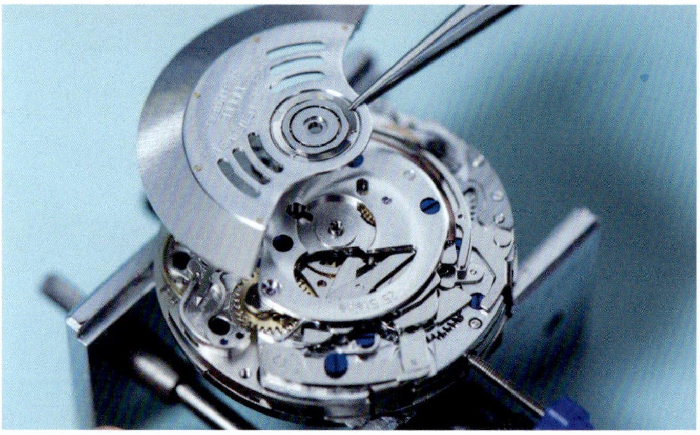

Drei Generationen Mühle: Links außen Sohn Thilo mit Vater Hans-Jürgen Mühle, hier unten die dem Urgroßvater Robert gewidmete Handaufzugsuhr mit Manufakturkaliber RMK 01 mit Auf/Ab-Werk und Kleiner Sekunde.

MÜHLE-GLASHÜTTE GMBH

ANSCHRIFT: Altenberger Straße 35, 01768 Glashütte

TELEFON: 035053 3203-0

E-MAIL: info@muehle-glashuette.de

HOMEPAGE: www.muehle-glashuette.de

GRÜNDUNG: 1869/1994

MITARBEITER AM ORT: 51

JAHRESPRODUKTION: k. A.

VERTRIEBSSTRUKTUR: Fachhandel

AUF AB
R. Mühle & Sohn
Manufaktur
NAUTISCHE INSTRUMENTE
MÜHLE
GLASHÜTTE/SA.
MADE IN GERMANY

NAUTISCHE INSTRUMENTE
MÜHLE
GLASHÜTTE/SA.
R. Mühle & Sohn
Manufaktur

MÜHLE
GLASHÜTTE/SA.
MADE IN
GERMANY

Seite gegenüber, von oben links: Robert Mühle Auf/Ab im Roségoldgehäuse, daneben Robert Mühle Kleine Sekunde in Edelstahl, darunter das Manufakturkaliber RMK 02 sowie der S.A.R. Flieger-Chronograph. Großes Bild: Das Modell M29 Classic Einzeiger greift die typische Optik der Messinstrumente auf, die die Firma Robert Mühle einst in großen Stückzahlen produzierte.

NEUHAUS

Manuel Neuhaus fertigt seine bemerkenswerten Zeitmesser nur in kleinsten Stückzahlen, und so kompromisslos, wie er bei der Auswahl seiner Lieferanten aus Deutschland und der Schweiz verfährt, ist er auch bei der Gestaltung seiner Uhren.

Seine Einzeigeruhr Janus DoubleSpeed ist praktisch minutengenau ablesbar. Ihr Zifferblatt hat nur sechs Stundenmarker, denen jeweils zwei Ziffern zugeordnet sind. Der Träger weiß ja schließlich im Normalfall, ob es gerade kurz vor vier oder kurz vor zehn ist. Durch die doppelte Geschwindigkeit des Zeigers verdoppelt sich auch die Größe der Stundensegmente und ermöglicht damit eine sehr viel größere Ablesegenauigkeit als andere Einzeigeruhren. Statt eines Sekundenzeigers rotiert unter dem Zifferblatt eine Scheibe mit schwarz-weißen Sektoren und zeigt auf höchst attraktive Art an, ob das Handaufzugwerk (Basis ETA 6498 «Unitas») läuft.

Der einsame Stundenzeiger rotiert mit doppelter Geschwindigkeit, was der Ablesbarkeit der extrem gespreizten Minutenskala am Zifferblattrand zugute kommt.

NEUHAUS INVENTING TIMEPIECES

ANSCHRIFT: Ludwigshafener Str. 11, 86157 Augsburg

TELEFON: 0821 71058070

E-MAIL: info@neuhaus.com

HOMEPAGE: www.euhaus.com

GRÜNDUNG: 2009

MITARBEITER AM ORT: k. A.

JAHRESPRODUKTION: k. A.

VERTRIEBSSTRUKTUR: Direktvertrieb

NIVREL

1891 gründete Goldschmiedemeister Friedrich Jacob Kraemer ein Juwelier- und Uhrengeschäft in Saarbrücken, das sich dort über mehrere Generationen hinweg als die beste Adresse für feinen Schmuck etablierte. 1956 stieg mit Gerd Hofer die vierte Generation in das Familienunternehmen ein. 1993 erwarben er und seine Frau Gitta die im Jahr 1936 gegründete Schweizer Uhrenmarke Nivrel.

Nivrel schöpft heute unter der Leitung von Hofers Tochter Anja aus beiden Traditionen: Mechanische Komplikationen mit Schweizer Werken in bester Ausführung und Veredelung sowie Golduhren im hochwertigen Design-Segment werden mit viel Liebe zum Detail und großem handwerklichem Können hergestellt. Neben klassischen Automatikuhren bietet die Marke vom komplizierten Chronographen über Skelettuhren bis hin zu Ewigen Kalendern alles, was das Herz begehrt. Die Uhrwerke stammen aus der Schweiz, bei den Komponenten der Habillage bevorzugt man deutsche Zulieferer. In Saarbrücken entsteht das Design der Uhren, zudem werden hier Montage und Veredelung vorgenommen.

Kalenderuhren, Chronographen und klassische Dreizeigeruhren – Nivrel ist ein Vollsortimenter mit ausschließlich mechanischen Armbanduhren in verschiedenen Preisklassen.

NIVREL UHREN GERD HOFER GMBH

ANSCHRIFT: Koßmannstraße 3, 66119 Saarbrücken

TELEFON: 0681 5846576

E-MAIL: info@nivrel.com

HOMEPAGE: www.nivrel.com

GRÜNDUNG: 1978

MITARBEITER AM ORT: 10 (plus externe freie Mitarbeiter)

JAHRESPRODUKTION: k. A.

VERTRIEBSSTRUKTUR: Fachhandel

NOMOS GLASHÜTTE

Heimlich, still und leise hat sich die 1990 gegründete Uhrenmarke Nomos Glashütte zur vollwertigen Manufaktur gemausert, neue Gebäude bezogen, Skandale vermieden und sich mit einer klugen Modellpolitik immer nur gerade so viel Wachstum auferlegt, wie die im Grunde doch recht kleine Mannschaft um Unternehmensgründer Roland Schwertner und den geschäftsführenden Gesellschafter Uwe Ahrendt bewältigen konnte.

Wenige Grundmodelle prägen bis heute die Kollektion, doch die Kalibervielfalt hat respektable Dimensionen angenommen: Mittlerweile sind es zehn eigene Werke, darunter auch zwei luxuriöse Handaufzugskaliber von höchster Veredelungsqualität. Die größten Fortschritte hat Nomos jedoch im Kerngeschäft der Manufaktur gemacht und über die letzten Jahre kräftig in die Konstruktion und Produktion einer eigenen Hemmung mit Spirale «made in Germany» investiert, die 2014 im neuen preisgekrönten Modell Metro und dem Kaliber DUW 4401 debütierte. Die Bezeichnung «Nomos Glashütte Deutsche Uhrenwerke» (kurz: DUW) steht seit nunmehr zwei Jahren für die Kompetenz der Manufaktur mit einer Fertigungstiefe von bis zu 95 Prozent.

Als Herzstück jeder mechanischen Uhr und im übertragenen Sinn auch der gesamten Uhrenbranche entscheiden Hemmung, Spirale und Unruh – im Uhrmacherdeutsch «Assortiment» und bei Nomos «Swing-System» genannt – über Genauigkeit, Robustheit und Langlebigkeit einer Uhr. Nomos gelang mit dieser Entwicklung in vielen winzigen Schritten der Forschung, Entwicklung und Fertigung auch ein riesiger Schritt in Richtung Unabhängigkeit. Und die Unabhängigkeit in Herstellung und Qualität der Werke sichert das Wachstum der Manufaktur über Jahrzehnte hinaus.

Bereits ein Jahr nach der Premiere des Swing-System präsentiert die Manufaktur noch ein weiteres hauseigenes Manufakturkaliber – das zehnte. Das vollkommen neue Basiskaliber DUW 3001 definiert einen neuen Standard für Automatikwerke. Mit nur 3,2 Millimetern Höhe ist dieser «Motor» äußerst flach – flacher als die meisten anderen Großserien-Automaten – und dabei extrem ganggenau. Doch während die wenigen anderen schlanken Selbstaufzüge extrem teuer bezahlt werden müssen, verlässt Nomos mit seinen neuen Automaten nicht den angestammten Preisbereich.

Bereits 2005 bezog Nomos die neuen Werkstätten im ehemaligen Bahnhof von Glashütte, und die Manufaktur platzt inzwischen aus allen Nähten. Seit 2010 hat sich die Mitarbeiterzahl mehr als verdoppelt. Heute beschäftigt Nomos zirka 230 Angestellte, davon etwa 30 in den Tochterfirmen in New York, Zürich und Berlin. Die größte Tochterfirma ist Berlinerblau, wo Produktgestalter, Grafiker und Texter Design und Kommunikation der Marke verantworten.

Den Umsatz hat Nomos in den vergangenen drei Jahren ebenfalls auf mehr als das Doppelte steigern können. Dieses Tempo soll, so das Ziel, zunächst beibehalten werden – in den kommenden drei Jahren will Nomos den Umsatz noch einmal verdoppeln. Schon jetzt baut und verkauft in Deutschland allerdings keine andere Marke mehr mechanische Uhren «made in Germany».

Seite gegenüber: Geschäftsführer Uwe Ahrendt, Uhrmacherin Alexandra Kluge, Konstrukteur Mirko Heyne.
Links das Erfolgsmodell Metro Datum Gangreserve.

NOMOS GLASHÜTTE/SA ROLAND SCHWERTNER KG

ANSCHRIFT:
Ferdinand-Adolph-Lange-Platz 2,
01768 Glashütte

TELEFON: 035053 4040

E-MAIL: nomos@glashuette.com

HOMEPAGE:
www.nomos-glashuette.com

GRÜNDUNG: 1990

MITARBEITER AM ORT: 170

JAHRESPRODUKTION: k. A.

VERTRIEBSSTRUKTUR: Fachhandel

Mit dem extraflachen Automatikkaliber DUW 3001 beginnt eine neue Zeitrechnung für Nomos. Die nachtblaue Ahoi Atlantik mit Datumsanzeige ist noch mit einem Handaufzugswerk ausgestattet.

Oben zwei Versionen der Golduhr Lambda, ausgestattet mit hochfeinen Handaufzugswerken vom Kaliber DUW 1001 mit 84 Stunden Gangreserve. Unten ein Blick auf die Nomos-Manufaktur, den ehemaligen Bahnhof von Glashütte.

NIENABER BÜNDE

Seit fast 30 Jahren fertigt, verkauft und repariert Rainer Nienaber im westfälischen Bünde nun schon Uhren – große, kleine, einfache, komplizierte, teure, preiswerte, aber immer einzigartige Zeitmesser. Eine Spezialität sind seine retro- und anterograden Zeigeranzeigen, die er in immer neuen Kombinationen arrangiert. Die für den Umbau notwendigen Teile fertigt er in seiner Werkstatt selbst an. Nienaber verwendet Schweizer Werke, der Rest jedoch ist «made in Germany» (Gehäuse, Zifferblätter, Bänder). Er mag es nicht gern, als «Manufaktur» bezeichnet zu werden, und zieht den Begriff «Atelier» vor.

Rainer Nienaber unterhält eine klassisches Ein-Mann-Unternehmen und liebt kleine limitierte Serien wie die Monozeiger (links), die Art Déco (Mitte oben und unten) oder die Dezimalzeit Duo-Dial (oben rechts) mit Hunderter-Einteilung und kleinem konventionellen Zifferblatt. Die Janus (unten rechts) wird verkehrt herum am Handgelenk getragen und muss zum Ablesen umgeklappt werden.

NIENABER-UHREN

ANSCHRIFT: Bahnhofstraße 33a, 32257 Bünde/Westfalen

TELEFON: 05223 12292

E-MAIL: info@nienaber-uhren.de

HOMEPAGE: www.nienaber-uhren.de

GRÜNDUNG: 1984

MITARBEITER AM ORT: 1

JAHRESPRODUKTION: ca. 50 Uhren

VERTRIEBSSTRUKTUR: Direktvertrieb

POP-PILOT

Die junge Hamburger Uhrenmarke ist ein Schwesterunternehmen der Maßuhrenmanufaktur Fischer & Cie (siehe dort) und hat ein Ziel vor Augen: zeitlose Eleganz mit frischem Lifestyle zu verbinden. Im Dezember 2013 wurde die Idee zur ganz eigenen Interpretation einer Fliegeruhr geboren und alsbald in die Tat umgesetzt. Wie beim Fliegeruhren-Vorbild aus den 1920er- und 1930er Jahren spielen Robustheit und Funktionalität eine wichtige Rolle. Deshalb besteht das wasserdichte Gehäuse aus Edelstahl, ist mit kratzfestem Saphirglas bewehrt und mit einer verschraubten Krone ausgestattet. Auf dem Zifferblatt jedes Modells ist ein dreistelliger Airport-Code zu finden. Diese so genannte «IATA-Kennung» steht immer für einen internationalen Flughafen und gibt jedem Pop-Pilot-Modell einen individuellen Namen. In Kombination mit den farbigen und leicht wechselbaren Nylon-Armbändern machen diese Komponenten die Einzigartigkeit des Produktes aus.

Die Uhrenfamilie der ungewöhnlichen hanseatischen Marke wächst rasant und umfasst derzeit über 20 verschiedene Modelle. Lediglich Konzeption und Design finden in Deutschland statt – die Konfektionierung der Uhren ließe sich bei einem durchschnittlichen Verkaufspreis von 190 Euro (im Online-Shop) schwerlich in Europa realisieren.

Fliegeruhren à la Pop-Pilot: Jede Farbkombination von Zifferblatt, Schrift und Band ist dem dreistelligen IATA-Code für einen internationalen Flughafen zugeordnet.

POP-PILOT

ANSCHRIFT: Zeitgeber GmbH, Shanghaiallee 8, 20457 Hamburg

TELEFON: 040 64664 103

E-MAIL: luftpost@pop-pilot.com

HOMEPAGE: www.pop-pilot.com

GRÜNDUNG: 2013

MITARBEITER AM ORT: k. A.

JAHRESPRODUKTION: k. A.

VERTRIEBSSTRUKTUR: Direktvertrieb

PRINZ WOLFGANG VON BAYERN

Auch wenn er selbst kein Uhrmacher ist, hat der Prinz Wolfgang von Bayern klare Vorstellungen von Qualität und technischer Exzellenz: «Ich war stets Uhrenliebhaber. Die beiden Uhren-Modelle, meine Familie, mein Name – das sind eins, das bin ich!»

In der Tat spiegeln der Chronograph PW 201 und die Automatikuhr PW 101 durch das stolze Wappen der Wittelsbacher im Zifferblatt die 800-jährige Geschichte der Familie und die Geschichte Bayerns wider. Während der Prinz mit dem als Chronometer zertifizierten Chronographen den technischen Anspruch seiner Marke aufzeigen wollte, stand bei der PW101 eindeutig der künstlerische und handwerkliche Anspruch im Vordergrund: Der Glasboden gibt den Blick frei auf einen der größten und opulentesten Goldrotoren der Uhrenwelt.

Dass der Prinz zu seiner eigenen Uhrenmarke kam verdankt er der Bekanntschaft mit dem Uhrensammler und Unternehmer Rudolf Andreas Fischer, der über seine Kontakte in die deutsche (und Schweizer) Uhrenindustrie Konzept und Ausstattung der Uhren 2005 in die Realität umsetzte. Die handwerkliche Produktion der kostbaren Zeitmesser erfolgt nun in einer im Königsschloss Hohenschwangau eingerichteten Werkstatt in den Händen erfahrener Meisteruhrmacher. Der Chronograph wird in einer auf 199 Exemplare limitierten Auflage hergestellt, von der luxuriösen Dreizeiger-Automatik gibt es nur 9 Exemplare – plus je eines für seine Hoheit Prinz Wolfgang von Bayern.

Das Dreizeiger-Modell PW101 (links) ist mit einem opulent verzierten Aufzugsrotor in Form des königlichen Wappens ausgestattet. Der Goldchronograph PW201 gibt sich vergleichsweise schlicht.

MECHANISCHE ZEITINSTRUMENTE GBR

ANSCHRIFT:
Schloss Hohenschwangau,
Alpseestr. 15,
87645 Hohenschwangau

TELEFON: 08362 9269939

E-MAIL: info@zeitinstrumente.de

HOMEPAGE: www.zeitinstrumente.de

GRÜNDUNG: 2005

MITARBEITER AM ORT: 3

JAHRESPRODUKTION: k. A.

VERTRIEBSSTRUKTUR:
Direktvertrieb

RHL PERFECT TIME

«Made in Mittelfranken» ist das Motto von RHL-Uhren, denn die Zeitmesser der Marke von Rudi Horlacher werden in Herrieden entworfen, montiert, getestet und gewartet. Unter dem Markennamen RHL werden ausschließlich sportliche Uhren für Preise zwischen 400 und 1500 Euro angeboten. Zum Einsatz kommen dabei ETA-Werke; bei den Chronographen nutzt RHL den Kaliberklassiker Valjoux 7750. Eine Spezialität sind von Rudi Horlacher «neue Klassiker» genannte Uhren, die er aus alten Gehäusen, Werken und Zifferblättern neu zusammenstellt. Zum Beispiel kommt beim Modell RHL Retro Taucher ein Edelstahlgehäuse aus den 1970er Jahren zu neuen Ehren. Dazu passt der Leitsatz, den Rudi Horlacher der Kollektion von RHL Perfect Time gegeben hat: «Die Zeit vergeht, das klassisch Schöne bleibt.»

Chronographen von Rudi Horlacher: ganz links Retro Chrono blau, rechts Classic Chrono II, unten Retro Taucher – alle mit ETA-Automatikwerken

RUDI HORLACHER

ANSCHRIFT: Lattenbuch 36, 91567 Herrieden

TELEFON: 09825 5140

E-MAIL: info@kultuhri.de

HOMEPAGE: www.kultuhri.de

GRÜNDUNG: 2009

MITARBEITER AM ORT: 2

JAHRESPRODUKTION: k. A.

VERTRIEBSSTRUKTUR: Direktvertrieb

Uhren von Rainer Brand verkörpern Klassik und Eleganz: unten von links Chronograph Kerala Flyback, die jüngste Neuheit Panama Take Five und die Damenvariante der Panama.

RAINER BRAND

Im beschaulichen Heimbuchenthal im Spessart entsteht eine überschaubare Kollektion zeitloser zeitgenössischer Zeitmesser. Unterstützt von drei Mitarbeitern und seiner Ehefrau Petra, kümmert Rainer Brand sich um sämtliche Belange von Konzeption, Produktion und Distribution. In Deutschland werden Gehäuse, Zifferblätter, Lederbänder und Gliederbänder hergestellt, aus der Schweiz kommen das Uhrwerk, die Zeiger und Saphirgläser, aus Frankreich bezieht Brand die Lederbänder. Nach eigenem Verständnis ist die Marke eine «Deutsch-Schweizer Co-Produktion», wobei die Kontrolle über Design und Qualität stets dem Meister selbst obliegt. Und der hat eine Schwäche für Mechanik und für das Besondere jenseits aller Trends und Moden.

Wer genau hinsieht, entdeckt in der homogenen Kollektion von Rainer Brand eigenständige Uhren mit ausgereiften Details. Seine schlichten «Zeitbegleiter» sprechen Menschen an, die nicht verzichten wollen, sondern sich auf das Wesentliche konzentrieren. Das galt schon für sein Erstlingswerk «Havanna», das bedingt durch den Druck eines findigen Patentanwalts der kubanischen Tabakindustrie 1995 auf den Namen «Panama» umgetauft werden musste. Die Serie verkörpert ein Höchstmaß an ästhetischer Schönheit und fungiert bis heute als Leitfigur der gesamten Kollektion. Vor zwei Jahren feierte die Panama ihren 18. Geburtstag, erwachsen wurde sie nun spätestens mit der zum 20-jährigen Bestehen lancierten Grande Panama und der Damenvariante Petite Seconde. Einen eher sportlichen Charakter haben die Zeitmesser Argus und die Chronographen der Linie Kerala.

Klassiker der Kollektion in markanter Ausführung: Panama Grande mit Automatikwerk ETA 2892-A2. Unten Chronograph Kerala Classic mit Automatikkaliber ETA Valjoux 7753.

RAINER BRAND

ANSCHRIFT: Friedenstraße 9, 63872 Heimbuchenthal

TELEFON: 06092 5372

E-MAIL: info@rainerbrand.de

HOMEPAGE: www.rainerbrand.de

GRÜNDUNG: 1992

MITARBEITER AM ORT: 4

JAHRESPRODUKTION: ca. 500 Uhren

VERTRIEBSSTRUKTUR: Fachhandel

REGENT

Im Oktober 2013 feierte die Fachhandelsmarke Regent ihr 30-jähriges Bestehen. Seit 1983 bemühen sich die Bielefelder um ein gutes Preis-/Qualitätsverhältnis sowie besten Service und Zuverlässigkeit in allen Bereichen. Mit mehreren Hundert Modellen unterhält Regent eine ausgesprochen facettenreiche Uhrenkollektion und zählt mit mehr als 15 Millionen verkauften Uhren zu den richtig großen Uhrenmarken im deutschsprachigen Raum.

Von kunterbunten Kinderuhren über technisch durchdachte Wecker und Kurzzeitmesser bis hin zu klassischen Taschenuhren reicht die Regent-Palette. Armbanduhren sind das Kernstück der Kollektion und Gegenstand mehrerer Aktionen pro Jahr. Hier findet sich vom robusten Zeiteisen über topmodische Modelle bis hin zur raffinierten Funkuhr aus Titan alles, was das Herz begehrt.

Seit 2015 gibt es auch eine «Made in Germany»-Linie, die aus über 50 Armband- und Taschenuhren besteht. Produktkonzeption, die Montage internationaler Bauteile und strenge Qualitäts-Checks – sprich der überwiegende Teil der Wertschöpfung – finden bei diesen Modellen in Deutschland statt. Regent setzt dabei auf traditionelles Uhrenhandwerk aus der Gold- und Uhrenstadt Pforzheim.

Mit der Kollektion «Made in Germany» engagiert sich die Marke Regent für den Uhrmacherstandort Deutschland. Die Komponenten der Uhren werden von internationalen Quellen bezogen.

REGENT UHREN

ANSCHRIFT:
Filius Zeitdesign GmbH & Co. KG,
Kuckucksweg 55,
33607 Bielefeld

TELEFON: 0521 9282523

E-MAIL: info@regent-uhren.de

HOMEPAGE: www.regent-uhren.de

GRÜNDUNG: 1983

MITARBEITER AM ORT: k. A.

JAHRESPRODUKTION: k. A.

VERTRIEBSSTRUKTUR: Fachhandel

ROLF LANG DRESDEN

Rolf Lang ist in der deutschen Uhrenbranche gewiss kein Unbekannter. Schon zu DDR-Zeiten erwarb sich der Ausnahme-Uhrmacher einen hervorragenden Ruf als Uhren-Restaurator. Danach war er für verschiedene Glashütter Manufakturen als Konstrukteur tätig und nun drängt es den rastlosen Geist mit seiner eigenen Uhrenmarke an die Öffentlichkeit. In seinem Atelier hat er ein klassisch «sächsisch» aufgebautes Handaufzugswerk entwickelt und mit jeder Menge interessanter technischer Besonderheiten ausgestattet, z. B. einer nie gesehenen Feinregulierung nach Helwig, einer Spirale mit Endkurve nach Gerstenberger oder einer großen Chronometerunruh mit vier Gewichten, die mehr als ein Drittel der Werkoberfläche einnimmt.

Extravagantes Gehäusedesign, klassische Uhrwerkskonstruktion: Rolf Lang ist ein profunder Kenner der Glashütter Uhrentradition und ein kompetenter Techniker.

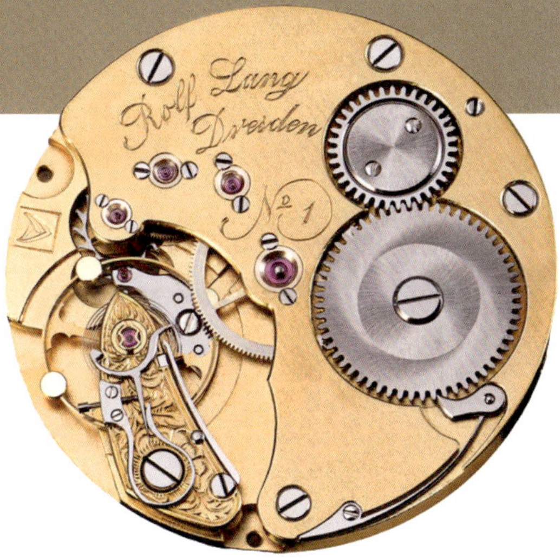

UHRENMANUFAKTUR ROLF LANG DRESDEN

ANSCHRIFT: Am Alten Königsweg 30, 01816 Bad Gottleuba

TELEFON: 035023 510400

E-MAIL: r.lang@rolf-lang-uhren.de

HOMEPAGE: www.rolf-lang-uhren.de

GRÜNDUNG: 2013

MITARBEITER AM ORT: 5

JAHRESPRODUKTION: 30–50 Uhren

VERTRIEBSSTRUKTUR: Fachhandel

ROTOR

In Ottobrunn bei München entstehen mechanische Armbanduhren im Fliegeruhren-Look aus hochwertigen Materialien, mit geradlinigem Design, handgefertigt und handwerklich solide verarbeitet.

Rotor-Gründer und Inhaber Frank Schiffner legt großen Wert darauf, dass alle verwendeten Materialien (Gehäuse, Zifferblätter, Wellen, Kronen und Armbänder) ausschließlich in Deutschland hergestellt werden. Damit unterstützt er kleinere Zulieferfirmen in der Umgebung und gleichzeitig profitieren die Kunden von der Nähe, denn Ersatzteile können schnell bestellt und Reparaturen zeitnah ausgeführt werden.

Dem Liebhaber mechanischer Uhren vernünftige Alternativen im erschwinglichen Preissegment anzubieten war für Schiffner schon 2004 die Motivation, den Uhrenversandhandel Make & Trade zu gründen. In zahlreichen Kundengesprächen kristallisierte sich schon bald ein Bedarf an handwerklich hochwertig gearbeiteten Uhren heraus, und so lag der Schritt zur eigenen Marke auf der Hand. In enger Zusammenarbeit mit etablierten deutschen Uhrmachermeistern und Armband-Herstellern kann Rotor die höchsten Qualitätsanforderungen realisieren.

Authentisch gemachte Fliegeruhren und Chronographen für schmale Geldbeutel: Rotor-Inhaber Frank Schiffner kennt seine Kunden aus seinem Versandhandel Make & Trade und weiß, worauf es ankommt. Zum Beispiel auf Qualität «made in Germany».

ROTOR UHREN

ANSCHRIFT: Unter den Lauben 4, 85521 Ottobrunn

TELEFON: 089 550 67 228

E-MAIL: info@rotor-uhren.de

HOMEPAGE: www.rotor-uhren.de

GRÜNDUNG: 2004

MITARBEITER AM ORT: k. A.

JAHRESPRODUKTION: k. A.

VERTRIEBSSTRUKTUR: Direktvertrieb

RUNDENMEISTER

RundenMeister bietet Spezialuhren für den Rallye- und Motorsport, eine Nische, die von Inhaber Thilo Figaj seit 2008 konsequent bedient wird. Während Gehäuse für Armbanduhren hinzugekauft werden, erfolgt bei Borduhren eine eigene Fertigung zahlreicher Teile. Auch an den Werken von Stoppuhren wird selbst gearbeitet. Bei Armbanduhren kommen sowohl bewährte ETA-Kaliber zum Einsatz oder wahlweise baugleiche Werke aus chinesischer Produktion, die sich laut Figaj mittlerweile sehr bewährt hätten, besser verfügbar und günstiger seien.

Aus der Hand von Thilo Figaj: unten Marine Edelstahluhr mit wahlweise ETA- oder chinesischem Handaufzugswerk, rechts Taschen- und Borduhr mit chinesischem Handaufzugswerk.

RUNDENMEISTER MECHANISCHE UHREN

ANSCHRIFT: Robert-Bosch-Straße 26, 64625 Bensheim

TELEFON: 06251 177318

E-MAIL: stopwatch@rundenmeister.de

HOMEPAGE: www.rundenmeister.de

GRÜNDUNG: 2008

MITARBEITER AM ORT: 2

JAHRESPRODUKTION: 300 Uhren

VERTRIEBSSTRUKTUR: Direktvertrieb, spezialisierte Rallye- und Automobilzubehör-Händler

SCALFARO

Alexander und Dominik Kuhnle brauchten mehrere Jahre, bis sie ihren Traum von einer eigenen Uhrenkollektion ausformuliert und ins Dreidimensionale übersetzt hatten. Die anspruchsvollen Designs werden in der Schweiz umgesetzt und mit Schweizer Technik bestückt. In Deutschland verbleiben dagegen Vertrieb, Marketing und Service Europa.

In einem eigenen Geschäftsbereich werden Spezialanfertigungen von Sonderserien und Unikaten zusammengefasst. Eine interessante Besonderheit ist die Möglichkeit, Uhrengehäuse mit dauerhaften und kratzfesten farbigen Keramik-Intarsien zu versehen. Über die letzten Jahre hinweg haben Alexander und Dominik Kuhnle überdies ein Verfahren entwickelt, fremde Materialien ins Gehäuse einzuschmelzen und der Uhr gewissermaßen eine eigene DNS einzupflanzen. Großen Erfolg genießen bei Enthusiasten Uhren mit historischen Bezügen zu großen Automobilen, dem Jaguar E-Type beispielsweise, dem VW Käfer, dem Aston Martin DB4 GT Zagato, dem Mercedes-Benz 300 SL («Uhlenhaut-Coupé»), dem Porsche 917 sowie dem legendären Ferrari 250 GTO, in denen tatsächlich jeweils ein Stückchen des Originalfahrzeugs steckt.

Die Uhren von Scalfaro schlagen Brücken zwischen historischen Automobilen und aktueller Zeitmesstechnik. Die linke Uhr enthält Metallpartikel eines Ferrari 250 GTO, die rechte von einem Porsche 917.

SCALFARO WATCH COMPANY

ANSCHRIFT: Schönblickstraße 22, 75242 Neuhausen

TELEFON: 07234 949962-0

E-MAIL: info@scalfaro.com

HOMEPAGE: www.scalfaro.com

GRÜNDUNG: 2001

MITARBEITER AM ORT: k. A.

JAHRESPRODUKTION: k. A.

VERTRIEBSSTRUKTUR: Fachhandel

SCHÄUBLE & SÖHNE

1924 gründete Carl Schäuble im badischen Bruchsal sein erstes Geschäft mit «Manufakturwaren für Männer». Die Palette der angebotenen Produkte reichte von Textilien über Taschenmesser, Feuerzeuge und Ferngläser bis hin zu Taschen- und Armbanduhren. Das Geschäft wurde zu einem Erfolg, und bereits in den 1930er Jahren produzierte Schäuble die ersten Exemplare seiner exklusiv nach Kundenwünschen veredelten Uhren mit der Signatur «C. Schäuble & Sohn».
Der Enkel des Firmengründers und heutige Inhaber, Gunther Schäuble, belebte die Tradition feiner Armbanduhren aus Baden wieder und gründete 2006 die Schäuble & Söhne Manufakturwaren GmbH.
Gehäuse, Zifferblätter und Uhrwerke werden überwiegend in Eigenregie im Karlsruher Atelier oder bei verschiedenen spezialisierten Betrieben in Baden gefertigt, die Uhrwerke stammen zumeist aus Schweizer Produktion.

Sportliche, aber klassisch gezeichnete Chronographen, Dreizeiger-Automatikuhren und Handaufzugsmodelle kennzeichnen die Kollektion von Schäuble & Söhne.

SCHÄUBLE & SÖHNE MANUFAKTURWAREN GMBH

ANSCHRIFT: Gerwigstraße 34
76131 Karlsruhe

TELEFON: 0721 8281675

E-MAIL: info@schaeuble-soehne.de

HOMEPAGE:
www.schaeuble-soehne.de

GRÜNDUNG: 1924/2006

MITARBEITER AM ORT: 5

JAHRESPRODUKTION:
ca. 1000 Uhren

VERTRIEBSSTRUKTUR:
Direktvertrieb, Depots

SCHAUMBURG WATCH

In Rinteln im Weserbergland entstehen seit 1998 unter der Leitung von Firmeninhaber Frank Dilbakowski eigenwillige und außergewöhnliche Uhren-Kreationen. Von besonderer Bedeutung ist für die Schaumburger einerseits die Realisierung spezieller Zeitmesser für den harten sportlichen oder professionellen Einsatz. Andererseits kommt auch die traditionelle Uhrmacherei nicht zu kurz. In Deutschland entstehen Werkplatinen und -brücken, auch sämtliche Veredelungsarbeiten (Perlieren, Gravieren, Skelettieren) werden in Rinteln erledigt. Ferner werden einige Armbänder, Gehäuse sowie Zifferblätter hier gefertigt. Die Basisuhrwerke stammen aus Schweizer Produktion. Eine besondere Spezialität sind in handwerklicher Arbeit realisierte Einzelanfertigungen.

Von professionellen Tiefsee-Taucheruhren über ungewöhnliche Komplikationen und außergewöhnliche Zifferblattmaterialien bis hin zu handverzierten Unikaten reicht die Bandbreite der Modellpalette von Schaumburg Watch.

**SCHAUMBURG WATCH
LINDBURGH & BENSON**

ANSCHRIFT: Kirchplatz 5 & 6,
31737 Rinteln

TELEFON: 05751 923351

E-MAIL: info@lindburgh-benson.com

HOMEPAGE:
www.schaumburgwatch.com

GRÜNDUNG: 1998

MITARBEITER AM ORT: 7

JAHRESPRODUKTION: k. A.

VERTRIEBSSTRUKTUR: Fachhandel

Handgefertigte Zifferblätter aus teilweise exotischen Materialien sind eine Spezialität von Dominik Sternberg. Neben den hier gezeigten Mechanik-Unikaten gibt es auch preiswerte, modern gestaltete Quarzuhren.

STERNBERG

Die Firma Sternberg-Uhren ist ein kleines familiäres Unternehmen in Nordrhein-Westfalen, das feine mechanische Armbanduhren in deutscher Handwerkskunst herstellt. Mit seinen Uhren möchte sich Dominik Sternberg von der Massenware sowie den Nobelmarken bewusst abheben und setzt daher auf kleine Kollektionen, exklusive Kleinserien und Einzelanfertigungen.

Bei allen verwendeten Materialien und Produkten legt Sternberg größten Wert auf Qualität und geht keinerlei Kompromisse ein. Deswegen bezieht er Gehäuse und Bänder aller Art ausschließlich von renommierten Herstellern und Firmen aus Deutschland.

In der kleinen Werkstatt in Lippstadt werden die mehrteiligen Zifferblätter noch von Hand gefertigt und bedruckt. Zudem werden auch die Schweizer Standardwerke (z. B. ETA 7750, ETA 2824-2, ETA 6498) durch eigene Platinen oder einen hauseigenen Rotor mit gravierter Plakette aus rhodiniertem Messing modifiziert. Dadurch wird jede Uhr ein Unikat und ist bei Sternberg mit den persönlichen Daten des Käufers registriert. Die Auslieferung der Sternberg-Uhren (mit Ausnahme der preiswerten modischen Quarzmodelle) erfolgt in eigens vom Tischler angefertigten Holzschatullen.

STERNBERG UHREN

ANSCHRIFT: Lange Straße 24, 59555 Lippstadt

TELEFON: 0151 15250451

E-MAIL: info@sternberg-uhren.de

HOMEPAGE: www.sternberg-uhren.de

GRÜNDUNG: 2011

MITARBEITER AM ORT: k. A.

JAHRESPRODUKTION: k. A.

VERTRIEBSSTRUKTUR: Direktvertrieb

SINN SPEZIALUHREN

1961 begann der Pilot und Fluglehrer Helmut Sinn im Frankfurter Stadtteil Rödelheim, unter eigenem Namen Uhren herzustellen, weil ihm die guten Fliegeruhren am Markt zu teuer erschienen. Hohe Funktionalität und Qualität sowie ein sehr gutes Preis-Leistungs-Verhältnis sind bis heute die wesentlichen Verkaufsargumente für die Frankfurter Zeitmesser, die in Deutschland ausschließlich direkt ab Werk sowie über ausgewählte Depots vermarktet werden.

Seit 1994 ist Lothar Schmidt (Foto unten) Eigentümer von Unternehmen und Marke. Der diplomierte Maschinenbau-Ingenieur pflegt das Motto: «Die Produkte müssen für sich selbst sprechen, dann stellt sich auch Erfolg ein.» Deshalb investiert er konsequent in Forschung und Entwicklung mit dem Ziel, die Alltagstauglichkeit seiner Uhren zu verbessern. Dazu gehören Sinn-spezifische Technologien wie die Trockenhaltetechnik, bei der das Edelgas Argon das Eindringen von Feuchtigkeit ins Gehäuse verhindert. Weitere Sinn-Technologien sind «Diapal» (schmierstofffreie Ankerhemmung), «Hydro» (ölgefüllte Taucheruhren) und «Tegiment» (gehärtete Oberflächen auf Edelstahl und Titan). Auf Initiative von Sinn Spezialuhren definierte eine Projektgruppe bei der Fachhochschule Aachen die Kriterien, die eine Armbanduhr erfüllen muss, um als Fliegeruhr zu gelten. Dieser «Technische Standard für Fliegeruhren» (TeStaF) wurde 2012 eingeführt und dient als Basis für eine entsprechende europäische Fliegeruhren-Norm.

Während die Uhrwerktechnik der Sinn-Uhren meist aus der Schweiz stammt, kommen Bänder und die meisten Ausstattungsteile aus Deutschland. Als Teilhaber der Firma Sächsische Uhrentechnologie (SUG) in Glashütte verfügt Sinn quasi über eine eigene Gehäusefertigung.

Einen Schritt weiter geht die Kooperation mit der Uhrwerkfabrik Uhren-Werke Dresden (UWD): Unter dem Projektnamen «Meisterbund» entsteht eine Uhrenkollektion ganz «made in Germany». Die SUG zeichnet verantwortlich für Konstruktion und Fertigung des Gehäuses aus 18 Karat Roségold. Sinn Spezialuhren prägt das Gesicht der Uhr, welches sich an den klassischen Meisterwerken des Unternehmens orientiert und gleichzeitig eine Formgebung definiert, die sich nach der Funktionalität richtet. Aus dem Hause UWD stammt das hochwertige Manufaktur-Handaufzugskaliber mit Sekundenstopp, dessen Entwicklung Sinn Spezialuhren seit längerer Zeit begleitet.

Auf die Eröffnung einer eigenen Verkaufsniederlassung in der Frankfurter Innenstadt am «Römer» im Sommer 2015 folgte die Grundsteinlegung für einen Neubau der Firmenzentrale im Frankfurter Stadtteil Sossenheim, die zum 55. Firmenjubiläum im Jahr 2016 bezugsfertig sein soll.

SINN SPEZIALUHREN GMBH

ANSCHRIFT: Im Füldchen 5–7, 60489 Frankfurt am Main

TELEFON: 069 978414-200

E-MAIL: info@sinn.de

HOMEPAGE: www.sinn.de

GRÜNDUNG: 1961

MITARBEITER AM ORT: 100

JAHRESPRODUKTION: ca. 14.000 Uhren

VERTRIEBSSTRUKTUR: Direktvertrieb, 80 Sinn-Depots bundesweit

Traditionsmodell in neuer Ausführung: Sinn 103 A Sa B mit blau galvanisiertem Zifferblatt, unverlierbarem Flieger-Drehring (Countdown-Skalierung) und Ar-Trockenhaltetechnik.

Sinn
Spezialuhren zu Frankfurt am Main

Blick in die Verkaufs- und Werkstatträume der im Mai 2015 eröffneten Sinn-Niederlassung am «Römer» in der Frankfurter City. Unten das Modell EZM 3 («Einsatzzeitmesser»), wasserdicht, stoßgesichert, magnetfeldgeschützt.

SLOW WATCHES

Slow ist ein gut gemachtes Design- und Marketing-Produkt von Corvin Lask und Christopher Noerskau, das als Schweizer Uhr inszeniert wird. Der Firmensitz ist jedoch Hamburg, wo Logistik und After-Sales-Service stattfinden. Die Kollektion besteht aus Einzeigeruhren, welche für die Idee stehen, durch die reduzierte Zeitanzeige das Leben quasi zu entschleunigen. Derzeit gibt es zwei Kollektionen: «slow Jo» mit einer Gehäusegröße von 38 Millimetern und «slow Mo» mit 34 Millimetern. Sie sind dank verschiedener Gehäuse- und Zifferblattfarben jeweils in 20 beziehungsweise zehn verschiedenen Varianten und mit unterschiedlichen, auch einzeln erhältlichen Armbändern erhältlich. Dominiert wird der Auftritt der Modelle durch ein kantiges Gehäuse im Retro-Stil, in dessen Inneren Ronda-Quarzwerke arbeiten. Die Fertigung der Uhren (230 bis 280 Euro) findet nach Angaben des Unternehmens in der Schweiz statt.

Corvin Lask (oben links) und Christopher Noerskau stehen für die quarzgetriebenen Einzeigeruhren von slow watches – erhältlich in zwei Größen und in diversen Varianten.

BLACKBOARD GMBH

ANSCHRIFT: Eppendorfer Weg 1, 20259 Hamburg

TELEFON: +49 40 71668941

E-MAIL: Jo@slow-watches.com

HOMEPAGE: www.slow-watches.com

GRÜNDUNG: 2012

MITARBEITER AM ORT: 2

JAHRESPRODUKTION: 10.000 Uhren

VERTRIEBSSTRUKTUR: Direktvertrieb

STEINHART

Der Architekt Günter Steinhart hat ein Faible für Uhren und sein Hobby zum Beruf gemacht: Er entwirft sportlich-markante, aussagekräftige Uhren, die zwischen 380 (Taucheruhren der Serie Ocean) und 1400 Euro (limitierte Editionen) kosten und mit ausschließlich mechanischen Uhrwerken in der Schweiz gefertigt werden. Die Komponenten – Ausstattung und Werke – stammen ebenfalls allesamt aus der Schweiz, «denn für mich ist es wichtig, in meiner Preisklasse hohe Qualität zu bieten», sagt Steinhart. «Für mich ist Swiss made oberste Priorität und ein entscheidendes Qualitätsmerkmal, das in der Zukunft noch wichtiger wird. Das gilt vor allem in Bezug auf Uhrwerke», so der Firmeninhaber, der auf Automatik- und Handaufzugskaliber von ETA und Soprod setzt. Das Netzwerk an Schweizer Lieferanten ermöglicht es zudem, dass bei Handaufzugswerken exklusiv für Steinhart die Brücken und Platinen farbig galvanisiert und Zierschliffe nach eigenen Vorgaben aufgebracht werden. Eine weitere Besonderheit sind Uhren mit Gehäuse aus Bronze.

Günter Steinhart setzt auf maskuline Zeitmesser: Oben Modelle der Linie Military 42 mit ETA-Handaufzugswerken, unten Marine-Chronograph mit Automatikwerk ETA Valjoux 7750

STEINHART WATCHES GMBH

ANSCHRIFT: Boschstr. 6, 86391 Stadtbergen

TELEFON: 0821 5433800

E-MAIL: info@steinhartwatches.de

HOMEPAGE: www.steinhartwatches.de

GRÜNDUNG: 2002

MITARBEITER AM ORT: 20

JAHRESPRODUKTION: k. A.

VERTRIEBSSTRUKTUR: Direktvertrieb

STOWA / JÖRG SCHAUER

Seit 1990 baut der kreative Goldschmied und «Uhrenmacher» Jörg Schauer in Engelsbrand im Schwarzwald Armbanduhren – zunächst in reiner Auftragsarbeit für Sammler, ab 1995 unter eigenem Markennamen. Es sind funktionale, kantige Gehäuse mit sichtbar aufgeschraubter Lünette, sachliche Zifferblätter in schlichtem Schwarz oder Weiß prägen das strenge Design. Mit einer entschlossenen Limitierung auf 500 Uhren pro Jahr hat Jörg Schauer sich für spürbare Qualität und gegen «Wachstum um jeden Preis» entschieden. So kann er die gewachsenen, zum Teil selbst aufgebauten Produktionsstrukturen erhalten. Prototypenbau, Uhrwerkmodifikation und -veredelung, Gehäusefertigung, Zifferblattlackierung und -bedruckung – all diese Arbeiten werden in Schauers Ateliers in Engelsbrand ausgeführt. Die erforderliche Unterstützung sucht er vorzugsweise bei regional ansässigen Spezialisten.

Stowa ist eine der wenigen deutschen Uhrenmarken, die seit Anfang des 20. Jahrhunderts ununterbrochen aktiv sind, allen Krisen zum Trotz. Auch in der Zeit der sogenannten «Quarzkrise», in der Billiguhren aus Fernost den europäischen Markt überschwemmten und viele deutsche Traditionsmarken schließen mussten, gelang es Firmengründer Walter Storz, Stowa über Wasser zu halten. Dies jedoch zu einem für einen Qualitätsfanatiker hohen Preis: Er strukturierte das Unternehmen vom Remontagebetrieb hochwertiger mechanischer Uhren zu einem Einschaler billiger Quarzwerke um.

Dabei blieb es, bis Jörg Schauer 1996 die Marke übernahm. Angetrieben vom Erfolg seiner eigenen Marke, setzte er bei Stowa von Anfang an auf Mechanik. Seine Neuentwicklungen sind meist Interpretationen alter Erfolgsmodelle, angetrieben von Schweizer ETA-Werken. Doch Ausnahmen bestätigen die Regel: 2015 entwickelte Schauer zusammen mit dem profilierten Formgeber Hartmut Esslinger, dem Gründer von Frog Design, eine Armbanduhr, die der Branche den Weg aus der Retro-Falle weisen soll. Das Modell Rana («Frosch») überzeugt mit einem aufwendig verarbeiteten «schwebenden» Gehäuse und überrascht mit kontinuierlich größer werdenden Stundenmarkerpunkten («DynaDots») auf dem Zifferblatt.

Unter seinem eigenen Namen fertigt Jörg Schauer nur noch wenige Uhren. Dagegen ist die traditionsreiche Pforzheimer Marke Stowa in den Vordergrund gerückt.

Die klassischen Stowa-Dienstuhren aus den 1930er Jahren sind stilistische Inspiration für neue Originale.

STOWA GMBH

ANSCHRIFT: Gewerbepark 16, 75331 Engelsbrand

TELEFON: 07082 93060

E-MAIL: info@schauer-germany.com
info@stowa.de

HOMEPAGES:
www.schauer-germany.com
www.stowa.com

GRÜNDUNG: 1990

MITARBEITER AM ORT: 19

JAHRESPRODUKTION:
Schauer max. 500, Stowa 4500 Uhren

VERTRIEBSSTRUKTUR:
Direktvertrieb

Mit Frog-Design-Gründer Hartmut Esslinger entwickelte Jörg Schauer das Modell Rana (links).

Mut zur Typografie: Die Stowa Antea «Back to Bauhaus» verwendet einen Schriftschnitt, der schon in den 1920er Jahren populär war. Auf der Seite gegenüber oben der moderne Fliegerchronograph mit auf das Wesentliche reduzierten Anzeigen.

TEMPTION

Seit 1997 existiert die Firma Temption unter der Federführung des Gründers Klaus Ulbrich, einem Ingenieur mit einer Spezialausbildung in der Konstruktion von Uhren und Uhrwerken. Von Anfang an verfolgte Ulbrich unbeirrbar sein Ziel, Zeitmesser zu entwickeln, die zwar modern und ästhetisch sind, sich aber nicht bedingungslos dem Zeitgeist unterwerfen. Ulbrich orientiert sich lieber an den Designs der Moderne.

Entwurf und Design erledigt Klaus Ulbrich höchstpersönlich; die Uhren werden komplett am Firmensitz in Herrenberg montiert und auch Einzelteile werden zum Teil in-house hergestellt.

Temption-Gründer Klaus Ulbrich (oben) nennt seine Marke «designorientiert» und setzt auf die Zeitlosigkeit seiner Entwürfe. Rechts die Chronographen Coral mit roten Details und Curare in Schwarz-Gelb, beide mit dem Automatikwerk ETA Valjoux 7751. Ganz rechts die Automatikuhr CM01, die in Schwarz und Rot erhältlich ist und Ablesbarkeit und Ergonomie in den Vordergrund stellt.

TEMPTION GMBH

ANSCHRIFT: Raistinger Str. 46, 71083 Herrenberg

TELEFON: 07032 977954

E-MAIL: ftemption@aol.com

HOMEPAGE: www.temption.info

GRÜNDUNG: 1997

MITARBEITER AM ORT: 4

JAHRESPRODUKTION: ca. 700 Uhren

VERTRIEBSSTRUKTUR: Direktvertrieb, Fachhandel. International auch über Handelsketten

THOMAS NINCHRITZ

Uhrmachermeister Thomas Ninchritz stellt in seinem Nürnberger Atelier seit einigen Jahren eine kleine Kollektion von Armbanduhren her. Die Grundlage dafür bildet das unverwüstliche «Unitas»-Kaliber, das unter der Dreiviertelplatine aus eigener Fertigung kaum noch zu erkennen ist. Durch des Meisters akribische Bearbeitung erfährt das klassische Handaufzugswerk eine Veredelung, die sich auch vor teureren Manufakturwerken nicht zu verstecken braucht: Verschraubte Goldchatons, ein von Hand gravierter Unruhkloben sowie die Schwanenhals-Feinregulierung lassen das Herz jedes Uhrenliebhabers höherschlagen. Die Spitzenmodelle der Kollektion werden darüber hinaus mit einer selbst konstruierten Sekundenstoppvorrichtung ausgerüstet.

Augenweide für Mechanik-Freunde: Das Modell Vice Versa zeigt dem Betrachter seine schön veredelte Kehrseite mit einem kleinen Zifferblatt zur Zeitanzeige.

THOMAS NINCHRITZ

ANSCHRIFT: Niebüller Straße 7
90425 Nürnberg

TELEFON: 0911 552363

E-MAIL: Th.Ninchritz@t-online.de

HOMEPAGE:
www.uhrenmanufaktur-nuernberg.de

GRÜNDUNG: 2005

MITARBEITER AM ORT: 1

JAHRESPRODUKTION: ca. 50 Uhren

VERTRIEBSSTRUKTUR:
Konzessionäre, Direktvertrieb

«Extreme Watch» aus Leichtmetall mit Kaliber X1 aus Spezialaluminium.

TORSTEN NAGENGAST TIMELINE

Torsten Nagengast ist schon vor Jahren der Faszination für die Uhrmacherkunst verfallen. Zunächst sammelte er Uhren, dann begann er, Uhren zu verkaufen; der nächste Schritt war der Aufbau eigener Kollektionen. Die erste war die Timekeeper Chronometrie Germany GmbH, die neue Uhren mit historischen Uhrwerken herstellt. Es folgten Wakman Germany mit demselben Konzept und die Arbeit mit Atelier Knesebeck (Taschen- und Tischuhren mit außergewöhnlichen Mechanismen). Die jüngste Fortsetzung der Arbeit ist ArtNoLimits: Unter diesem Namen werden handgefertigte Unikate und Kleinstserien angeboten – aktuelles Highlight ist eine Uhr mit einem historischen Minutenrepetitionswerk von Patek Philippe. Solche Besonderheiten können laut Nagengast «nur in Deutschland mit der nötigen Qualität hergestellt werden. ‹Made in Germany› ist damit ein Muss.» Derzeit widmet sich Nagengast auch verstärkt der Marke TNT, was für Torsten Nagengast Timeline steht. Hier hat er mit der «Extreme Watch» die erste deutsche Uhr aus Leichtmetall entworfen – sogar das innerhalb von vier Jahren entwickelte Kaliber X1 besteht aus Spezialaluminium.

Rechts «TNT Unikus 1» mit hangraviertem, voll dekoriertem historischem Handaufzugswerk, hergestellt 1950 von Anton Schild in Grenchen.

TORSTEN NAGENGAST TIMELINE

ANSCHRIFT: Falkensteinweg 23, 35688 Dillenburg

TELEFON: 07231 1331242

E-MAIL: info@torsten-nagengast.de

HOMEPAGE: www.torsten-nagengast.de

GRÜNDUNG: 2000

MITARBEITER AM ORT: 5

JAHRESPRODUKTION: k. A.

VERTRIEBSSTRUKTUR: Direktvertrieb

TOURBY WATCHES

Erdal Yildiz' Passion gilt der feinen Uhrentechnik und der professionellen Zeitmessung. Seine Marke Tourby bewegt sich im Spannungsfeld zwischen Extremsport und mechanischer Liebhaberei, illustriert an der Taucheruhr Lawless und dem auf Unitas-Basis selbst entwickelten Kaliber 74.3.

Tourby Watches aus Hagen in Westfalen hat sich auf die Fertigung exklusiver mechanischer Armbanduhren spezialisiert, die sich stilistisch an klassischen Vorbildern orientieren. Die Erfolgsgeschichte begann damit, dass Erdal Yildiz die Taschenuhr seines Großvaters erbte, deren Unitas-Uhrwerk dringend einer Überholung bedurfte. Auf der Suche nach einem Uhrmacher gewann der junge Mann erste Einblicke in das Uhrmacherhandwerk und konnte sich sofort dafür begeistern. Während seines Studiums wurde die Welt der mechanischen Uhren zum größten Hobby. Er knüpfte Kontakte zu Zulieferfirmen in Deutschland und in der Schweiz, und 2007 gründet er seine eigene Uhrenmarke.

Rohmaterialien und Zulieferteile kommen von namhaften Firmen in Deutschland und der Schweiz. Einige Komponenten werden schon fertig angeliefert, andere in den eigenen Werkstätten in Bochum und Hagen überarbeitet. Neben dem eigenhändigen Gehäusefinish werden in Handarbeit teils auch Zifferblätter gefertigt, Lederbänder genäht sowie die Uhrwerke aufwendig verziert und teilweise modifiziert. Endmontage, Qualitätskontrolle und Kundendienst werden im eigenen Hause durchgeführt.

Ergänzend zu den eigenen Serienmodellen baut Tourby Watches individuelle Anfertigungen nach Kundenwunsch, bei denen sich die Käufer das Gehäuse, die Lünette, die Krone, Band und Schließe sowie nicht zuletzt das Uhrwerk und dessen Finissierung bis hin zur anspruchsvollen Skelettierung selber aussuchen können. Auf diese Weise entstehen interessante Unikate, sogar das individuelle Bedrucken des Zifferblattes ist möglich. Alle Uhren sind mit mechanischen ETA-Werken ausgestattet. Besonders stolz ist man in Hagen auf das neue Kaliber 74.3, das auf dem «Unitas»-Werk basiert und vollständig in Eigenregie montiert wird.

TOURBY WATCHES

ANSCHRIFT: Emilienplatz 15, 58097 Hagen

TELEFON: 02331 3423584

E-MAIL: info@tourby.de

HOMEPAGE: www.tourby.de

GRÜNDUNG: 2007

MITARBEITER AM ORT: k. A.

JAHRESPRODUKTION: k. A.

VERTRIEBSSTRUKTUR: Direktvertrieb, Konzessionäre im Ausland

TUTIMA GLASHÜTTE

Die Geschichte der Marke Tutima beginnt in Glashütte und findet nun an diesem symbolträchtigen Ort seine Fortsetzung: Mit dem Umzug des Familienunternehmens nach Glashütte bricht eine neue Ära in der Geschichte von Tutima an.
Die erste Glashütte-Epoche war geprägt von einem raschen Aufschwung mit den seinerzeit richtigen Produkten. Doch nach dem Ersten Weltkrieg war der Markt für teure Taschenuhren zusammengebrochen, und in den Wirren von Inflation und Wirtschaftskrise in den zwanziger Jahren gingen in den Glashütter Betrieben nach und nach die Lichter aus – bis 1926, als der 27-jährige Jurist Dr. Ernst Kurtz die UROFA (Uhren-Rohwerke-Fabrik Glashütte AG) und UFAG (Uhrenfabrik Glashütte AG) gründete. Er erkannte die Bedürfnisse der neuen Zeit und setzte zielbewusst auf die Entwicklung und rationelle Produktion von Armbanduhrwerken. So entstanden die ersten seriengefertigten Armbanduhren für hohe Ansprüche. Die Spitzenprodukte erhielten die Signatur «Tutima» vom lateinischen Begriff «tutus» – sicher, geschützt. Hohe Qualität und selektiver Vertrieb (schon damals nur über ausgewählte Fachgeschäfte) sicherten der Marke Tutima einen ausgezeichneten Ruf und verhalfen Glashütte als Uhren-Stadt wieder zu Glanz und Würde.
Während nach dem Zweiten Weltkrieg hinter dem Eisernen Vorhang die Glashütter Unternehmen zu einem staatlichen Kombinat zusammengefasst wurden, fand Tutima ein neues Domizil im Westen Deutschlands. Die Tutima Uhrenfabrik GmbH entwickelte und fertigte im niedersächsischen Ganderkesee sportliche und hochprofessionelle Zeitmesser und kultivierte auch während der «Quarzkrise» das Erbe der mechanischen Präzision.
Nach über 65 Jahren kehrte Tutima Anfang 2011 wieder ganz nach Glashütte zurück. Neben exklusiven Erzeugnissen feinster Handwerkskunst, die an die große Tradition des sächsischen Uhrenbaus anknüpfen, entstehen bei Tutima Glashütte weiterhin technisch-sportliche Zeitmesser – streng nach dem Kodex der Herkunftsbezeichnung «hergestellt in Glashütte».

Glashütter Tradition mit Handaufzug: Tutima Patria mit neu entwickeltem Kaliber 617.

Glashütter Gegenwart: Der Chronograph Saxon One definiert Form und Charakter der eleganten Sportuhr neu. Im Bild unten die Tutima-Inhaberfamilie Dieter, Ute und Jörg Delecate.

TUTIMA UHRENFABRIK GMBH

ANSCHRIFT: Altenberger Str. 6, 01768 Glashütte

TELEFON: 035053 32020

E-MAIL: info@tutima.com

HOMEPAGE: www.tutima.com

GRÜNDUNG: 1927/1957

MITARBEITER AM ORT: k. A.

JAHRESPRODUKTION: k. A.

VERTRIEBSSTRUKTUR: Fachhandel

MAGNETIC SHIELD
TITANIUM
M2
82366
TUTIMA
GLASHÜTTE/SA
GERMANY
WATER RESISTANT 300M/1000FT

Tutima
GLASHÜTTE/SA
MADE IN GERMANY

Tutima
GLASHÜTTE/SA
MADE IN GERMANY

Die neuen Modelle M2 und M2 Pioneer (mit Drehlünette) treten die Nachfolge des legendären Tutima Military Chronograph an. Das Uhrwerk verfügt über Sekunden- und Minutenzähler aus der Mitte, um auf dem Zifferblatt Platz zu schaffen für eine 24-Stunden-Anzeige.

UHR-KRAFT

UK Germany ist ein unabhängiges Familienunternehmen aus Essen-Kettwig mit der Marke Uhr-Kraft, die 1999 von Ralf Lehr gegründet wurde – als Hersteller «hochwertiger Markenuhren mit ganz eigenem Charakter – Präzision und Qualität zum attraktiven Preis», heißt es im offiziellen Firmenauftritt. Dazu verbaut das Unternehmen in der eigenen Werkstatt in Essen-Kettwig ausschließlich Schweizer Uhrwerke (Ronda, ISA Swiss und Sellita) und nutzt zum Teil in Deutschland gefertigte Habillageteile. Daraus entstehen in Essen schließlich die auffälligen, üppig dimensionierten Zeitmesser, die international in Asien, Russland, Australien und Europa für Preise zwischen 750 und 1890 Euro vertrieben werden. Jedes Modell ist auf maximal 2500 Stück limitiert. Seit 2009 bietet Uhr-Kraft zusätzlich den WatchCreator an. Auf dieser Website kann aus verschiedenen Gehäusen, Uhrwerken, Farben und Armbändern eine Uhr nach eigener Vorstellung zusammengestellt werden. Eine individuelle Uhr kann von Kunden auch unter Anleitung erfahrener Uhrmacher in Essen-Kettwig gestaltet, montiert und fertiggestellt werden.

Oben Markengründer Ralf Lehr, der auffällige, üppig dimensionierte Zeitmesser schafft und international vertreibt. Rechts die Quarzuhr Big Day Date Modern Classic aus beschichtetem Edelstahl, rechts außen Automatikmodell Day Date mit Sellita-Werk in vergoldetem Edelstahlgehäuse.

UK GERMANY UG

ANSCHRIFT: Ringstraße 1, 45219 Essen-Kettwig

TELEFON: 02054 1240556

E-MAIL: info@uhr-kraft.com

HOMEPAGES: www.uhr-kraft.com www.watchcreator.com

GRÜNDUNG: 1999

MITARBEITER AM ORT: 7

JAHRESPRODUKTION: ca. 800 Uhren

VERTRIEBSSTRUKTUR: Fachhandel, eigener Flagship Store, internationale Distributionen

UNIQUE TIME

Modisch und vielseitig: Die Firma Unique Time aus Rheine vereint die beiden Marken Just und Carucci unter einem Dach. Für beide Linien kommen Ideen und Design aus Deutschland. Just bietet in Asien gefertigte Uhren für Männer und Frauen, die auf trendige Optik stehen und dafür bis zu 200 Euro ausgeben wollen. Ebenfalls in Asien gefertigt werden die Uhren der Marke Carucci – ein Name, der an italienischen Stil denken lässt. Doch auch diese Designs stammen aus Deutschland, wo Vertrieb und After-Sales-Service durchgeführt werden. Die Carucci-Kollektion ist in einem Preissegment zwischen 200 und 450 Euro angesiedelt und bietet betont modische Uhren mit trendigen Details. Ganz am Puls der Zeit ist das Unternehmen mit Keramikuhren sowie mit der Kautschukband-Kollektion. Für echte Uhrenliebhaber eher weniger geeignet: Uhren mit Tourbillonwerken aus offensichtlich ebenfalls asiatischer Fertigung, die für stolze 1000 bzw. 2500 Euro angeboten werden.

Oben: Im Firmengebäude in Rheine werden in Asien gefertigte Uhren der Marken Just und Carucci vertrieben. Beispiele sind Carucci-Modelle mit Automatikwerken; das rechte zeigt ein offenes Miyota-Werk.

UNIQUE TIME

ANSCHRIFT: Kanalstr. 83, 48432 Rheine

TELEFON: 05971 803100

E-MAIL: info@unique-time.de

HOMEPAGE: www.unique-time.de

GRÜNDUNG: 2005

MITARBEITER AM ORT: 10

JAHRESPRODUKTION: 60.000 Uhren

VERTRIEBSSTRUKTUR: Großhandel

UNION GLASHÜTTE

Ende 2012 bezog die neu strukturierte und konzeptionell komplett überarbeitete Schwestermarke von Glashütte Original ein eigenes Gebäude in Glashütte. Die Produktionsfläche hat sich dadurch glatt verdreifacht, und mit rund 40 Mitarbeitern ist die Kapazität noch lange nicht ausgeschöpft.
Ein Fließband gibt es bei Union Glashütte nicht. Hier wird noch sehr viel von Hand gemacht, z.B. die Montage, die Regulierung und die Endkontrolle mit Qualitätsprüfung einer jeden einzelnen Uhr. Auch auf das Design und die Verarbeitung legt Union großen Wert. Die Glashütter profitieren davon, dass sie von den Uhrwerkfabriken der ETA Rohteile als sogenannte «Werke-Kits» beziehen können. Die Einzelteile werden in Glashütte nachbearbeitet (terminiert) und veredelt, dazu kommt ein neuer, am Ort gefertigter Aufzugsrotor. Ein von ETA entwickeltes und von der Union mitfinanziertes modulares Uhrwerkkonzept gibt den Union-Designern inzwischen noch mehr Freiheiten und ermöglicht es ihnen, auch eigene kleine Komplikationen zu entwickeln.

Regulator-Zifferblätter (mit dezentralem Stundenzeiger und Minutenzeiger aus der Mitte) haben bei Union eine lange Tradition, wie diese Taschenuhr von 1906 zeigt.

Chronograph Belisar (oben) und klassische Herrenuhren mit Automatikwerken aus der Kollektion 1893 mit Regulator-Zifferblatt oder Kleiner Sekunde (links)

UNION UHRENFABRIK GMBH

ANSCHRIFT: Frühlingsweg 5, 01768 Glashütte

TELEFON: 035053 4616-300

E-MAIL: info@union-glashuette.com

HOMEPAGE: www.union-glashuette.com

GRÜNDUNG: 1893

MITARBEITER AM ORT: ca. 40

JAHRESPRODUKTION: k. A.

VERTRIEBSSTRUKTUR: Fachhandel

UTS-MÜNCHEN

Nikolaus Spinner, der die Firma 1999 gegründet hat, ist Ingenieur für Maschinenbau und Fertigungstechnik. Für die eigene Uhrenkollektion vertiefte er sich in die Konstruktion von Gehäusen, die in Deutschland gefertigt werden. Diese Detailverliebtheit spiegelt sich in der massiven Optik der UTS-Uhren sowie in ihrer Funktionalität, sprich Wasserdichtheit, wider. Diese Eigenschaft ist den markanten Gehäusen mit ihrer ausgeprägten Höhe auch anzusehen. Darüber hinaus steht die Ablesbarkeit auch bei schlechten Lichtverhältnissen im Vordergrund. Im Inneren der Edelstahlgehäuse arbeiten Schweizer Uhrwerke von ETA.

Markengründer Nikolaus Spinner (oben) setzt auf gute Ablesbarkeit sowie Funktionalität, die sich in robuster Wasserdichtheit zeigt. Rechts UTS Diver 1000 – V2 mit ETA-Automatikwerk und fünfteiligem, bis 1000 Meter wasserdichten Edelstahlgehäuse.

UTS MÜNCHEN

ANSCHRIFT: Postfach 1429, 83604 Holzkirchen

TELEFON: 08024 4746877

E-MAIL: info@uts-muenchen.de

HOMEPAGE: www.uts-muenchen.de

GRÜNDUNG: 1999

MITARBEITER AM ORT: 3

JAHRESPRODUKTION: ca. 200 Uhren

VERTRIEBSSTRUKTUR: Direktvertrieb

VERTIGO

Jung, frisch, mechanisch und aus Berlin – so präsentiert sich die Marke von Tobias Wiethoff, der weiter ausführt: «Im Vordergrund stehen für unsere Kunden die Berliner Identität unserer Uhren und die Existenz eines reaktionsschnellen Kundenservice in Deutschland. Dass die Bauteile der Uhr aus dem Ausland stammen, wird angesichts des günstigen Preisniveaus gerne akzeptiert.» Denn die Uhren mit dem schlichten und gleichzeitig farbenfrohen Auftritt kosten ab 225 Euro. Für diesen Preis gibt es ausschließlich Mechanik: Die Modelle sind mit dem chinesischen Handaufzugskaliber Hangzhou 9312 ausgestattet; für einen Aufpreis von weniger als hundert Euro kann man auch das ETA-Handaufzugskaliber 6498 wählen. Weitere Details sind ebenfalls individuell zu bestimmen: Das Grundmodell Clubmaster mit einem Durchmesser von 45 Millimetern und kleiner Sekunde bei 6 Uhr kann dank dreier Gehäusevarianten mit jeweils fünf Zifferblatt- und Zeigerfarben über den Internetkonfigurator gestaltet werden. Die Fertigstellung der Uhren findet dann in Berlin-Pankow statt.

Farbenfrohe Vielfalt: Markengründer Tobias Wiethoff (oben) ermöglicht die Kombination verschiedener Zifferblatt- und Zeigerfarben sowie die Wahl zwischen chinesischen und ETA-Handaufzugswerken.

VERTIGO BERLIN

ANSCHRIFT: Fritz-Erpenbeck-Ring 15, 13156 Berlin

TELEFON: 030 47756930

E-MAIL: info@vertigo-die-uhr.de

HOMEPAGE: www.vertigo-die-uhr.de

GRÜNDUNG: 2011

MITARBEITER AM ORT: 4

JAHRESPRODUKTION: ca. 200 Uhren

VERTRIEBSSTRUKTUR: Direktvertrieb

VINTAGE VDB

Massive Gehäuse aus Edelstahl oder Bronze, ganz von Hand auf alten Werkzeugmaschinen in kleinen Stückzahlen gefertigt – als sich der ehemalige Radsportler Stephan Obst dem Thema Armbanduhren annäherte, stand das Material ganz im Vordergrund. Mit seinen gewichtigen und großformatigen, robusten und markanten Zeitmessern traf er 2007 offenbar einen Nerv, und innerhalb weniger Jahre etablierte sich die Marke Vintage VDB als Geheimtipp für Uhrenfreunde mit einem besonderen Geschmack. Das Internet verhalf der kleinen Thüringer Uhrenschmiede zu internationaler Bekanntheit, wobei die schiere Exklusivität der Zeitmesser die Begehrlichkeit auf einem hohen Niveau hält. 40, 60 oder auch schon einmal 80 Exemplare eines Modells werden in der Werkstatt in Erfurt zusammengebaut, dann ist Schluss. Treue Kunden tragen sich für bestimmte «Projekte» vor Produktionsbeginn in eine Subskriptionsliste ein und leisten eine Anzahlung, um auf jeden Fall eine der begehrten Uhren zu ergattern.

Massive, robuste Sportuhren, förmlich aus dem Vollen gefräst – die Zeiteisen von VDB erfreuen sich in der Sammlerszene kultischer Verehrung.

VDB'S MODS

ANSCHRIFT: Karl-Marx-Platz 3, 99084 Erfurt

TELEFON: 0160 94636579

E-MAIL: christian.seidel@vintage-vdb.com

HOMEPAGE: www.vintage-vdb.com

GRÜNDUNG: 2007

MITARBEITER AM ORT: 7

JAHRESPRODUKTION: ca. 220 Uhren

VERTRIEBSSTRUKTUR: Direktvertrieb

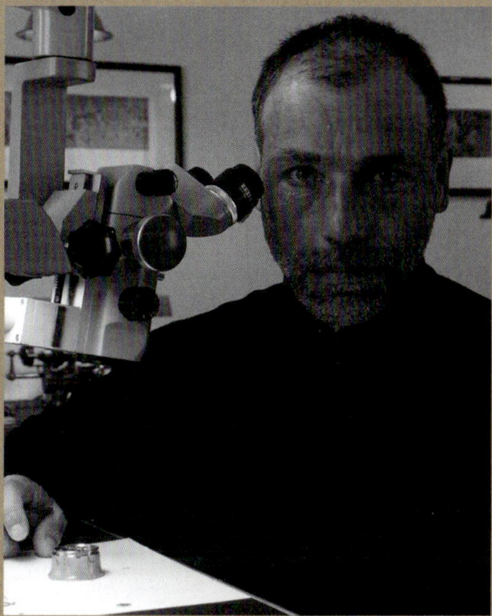

VOLKER VYSKOCIL

Er macht alles selbst: Volker Vyskocil designt seine Uhren, baut ihnen ein Uhrwerk inklusive Finish und Dekoration, fertigt auch Gehäuse, Zeiger und Zifferblätter, bevor er während der Montage alle Teile zusammenbringt. Bei dem Modell V-30/49-01 ging er sogar so weit, auf Fertigungs- und Messmittel aus dem 19. und frühen 20. Jahrhundert zurückzugreifen – gepaart mit neuen Ideen. Insgesamt ist das Ausmaß der Fertigungstiefe ungewöhnlich und bedarf vor allem eines – Zeit: Aktuell stellt der Werkzeugmacher, Maschinenbau-Ingenieur und Uhrmacher weniger als fünf Uhren pro Jahr in seinem Atelier in Nettetal am Niederrhein her. Das hat seinen Preis: Ein Zeitmesser von Vyskocil kostet ab 30.000 Euro.

Alles aus der Hand von Volker Vyskocil: V-30/49-01-A mit Platin- oder Goldgehäuse und Handaufzugswerk; mit kleiner Sekunde bei der 9 und Gangreserveanzeige bei der 5.

VOLKER VYSKOCIL

ANSCHRIFT: Klostergasse 1–3, 41334 Nettetal

TELEFON: 02157 811903

E-MAIL: info@vyskocil.de

HOMEPAGE: www.vyskocil.de

GRÜNDUNG: 2004

MITARBEITER AM ORT: 1

JAHRESPRODUKTION: ca. 5

VERTRIEBSSTRUKTUR: Direktvertrieb

WEMPE

Wempe ist einer der führenden Uhren- und Juwelen-Einzelhändler in Europa. Das 1878 gegründete Familienunternehmen fühlt sich in besonderem Maße der Uhrmacherkunst verpflichtet. Seit 2006 baut Wempe am traditionsreichen Uhrmacherstandort Glashütte eigene Armbanduhren. Die Fertigung befindet sich in der historischen Sternwarte Urania. In dem markanten Gebäude hoch über der Stadt werden heute von 30 Mitarbeitern jährlich über 6000 feinmechanische Uhren der Marke Wempe Glashütte i/SA produziert.

Neben der Uhrenfertigung befindet sich in den Räumen der Sternwarte Glashütte auch die einzige deutsche Chronometerprüfstelle, ein unabhängiges Institut, das vom Thüringer Landesamt für Verbraucherschutz (TLV) und dem Sächsischen Landesamt für Mess- und Eichwesen (SLME) betrieben wird. Sämtliche von Wempe in Glashütte gebauten Armband- und Taschenuhren der Linien Chronometerwerke und Zeitmeister werden hier nach DIN 8319 geprüft und als Chronometer zertifiziert. Eine Auszeichnung für hochpräzise Uhren, vergleichbar mit dem Schweizer COSC-Siegel. Für die deutsche Zertifizierung sind jedoch ausschließlich im Gehäuse montierte Uhren zugelassen.

Der Name der Modellreihe Wempe Chronometerwerke ist eine Hommage an die zu Wempe gehörenden Chronometerwerke Maritim in Hamburg, wo seit über 100 Jahren traditionelle Marinechronometer gefertigt werden. In ihrem Aufbau spiegelt die Armbanduhrenlinie viele Besonderheiten der Glashütter Uhrmacherkunst wider. Die ersten Werke für das tonneauförmige Gehäuse wurden noch in Kooperation mit der Glashütter Uhrenmanufaktur Nomos gefertigt.

Nach fünf Jahren Entwicklungsarbeit präsentierte Wempe dann im Jahr 2012 die CW3 Chronometerwerke Gangreserve mit eigenem mechanischem Uhrwerk. Die Uhr besitzt alle charakteristischen Merkmale sächsischer Feinuhrmacherei: eine Dreiviertel-Platine, verschraubte Goldchatons, den typischen Sonnenschliff auf dem Sperrrad, einen von Hand gravierten Unruhkloben und als zusätzliche Komplikation eine Gangreserveanzeige bei der «12» auf dem Zifferblatt.

Mit der zweiten Uhren-Linie greift Wempe die Tradition der in den 1950er Jahren beliebten Wempe-Zeitmeister-Armbanduhren wieder auf. Die 2006 neu lancierte Zeitmeister verbindet hohe uhrmacherische Qualität mit klassisch zeitlosem Design und einem attraktiven Preis. Die hochwertigen Basiswerke der Linie stammen aus der Schweiz und werden in Glashütte veredelt, präzise gesagt mit einer Reglage versehen, die eine zusätzliche Feinregulierung zur Verbesserung der Ganggenauigkeit erlaubt. Die Modellvarianten sind mit Mondphase, als Weltzeituhr, Chronograph oder als Fliegeruhr sowie als Sport- und Taucheruhr erhältlich und entsprechend der deutschen Chronometernorm geprüft.

Kim-Eva Wempe (oben) führt das von Vater Hellmut übernommene Unternehmen in eine Zukunft als Fachhändler und Uhrenhersteller – mit Manufaktur-Ambitionen.

WEMPE GLASHÜTTE I/SA

ANSCHRIFT: Herbert-Wempe-Platz 1, 01768 Glashütte

TELEFON: 035053 312-0

E-MAIL: info@wempe.de

HOMEPAGE: www.wempe-glashuette.de

GRÜNDUNG: 1878/2005

MITARBEITER AM ORT: 64

JAHRESPRODUKTION: 6000 Uhren

VERTRIEBSSTRUKTUR: Wempe-Niederlassungen

WEMPE
Zeitmeister
GLASHÜTTE I/SA
CHRONOMETER

CHRONOMETERWERKE
WEMPE
GLASHÜTTE I/SA
CHRONOMETER
MADE IN GERMANY

WEMPE
Zeitmeister
GLASHÜTTE I/SA
CHRONOMETER
GMT

WEMPE
Zeitmeister
GLASHÜTTE I/SA
CHRONOMETER
MON
JAN

WEMPE
Zeitmeister
GLASHÜTTE I/SA
CHRONOMETER
MON
JAN

WEMPE
Zeitmeister
GLASHÜTTE I/SA
CHRONOMETER
MON
JAN

Zum 80. Geburtstag von Hellmut Wempe wurde das Modell Wempe Chronometerwerke Gangreserve mit eigenem Kaliber aufgelegt. Links eine Auswahl der aktuellen Modellpalette von der Automatik-Taucheruhr über diverse Sport-Chronographen bis zum Tourbillon mit Handaufzug.

WILHELM RIEBER

Auf die gute alte Art: Wilhelm Rieber arbeitet ohne CAD-Technik und ohne CNC-Maschinen. Sein wichtigstes Werkzeug sind seine Hände. Mit diesen erschafft der Uhrmachermeister, dessen Familie schon seit über 220 Jahren dieses Handwerk pflegt, Tourbillonwerke, die Kenner zum Schwärmen bringen. Er selbst sagt dazu: «Mein Ziel war es, die wohl schwierigste und komplizierteste Uhrenart selbst herzustellen und dabei alle Teile eigenhändig anzufertigen.» Tatsächlich werden die Werke beim kleinsten Schräubchen beginnend komplett von Rieber selbst gefertigt; lediglich Gehäuse und Zifferblatt werden aus Deutschland hinzugekauft. Die größte Faszination von Rieber gilt dem fliegenden Tourbillon, dem der Meister seit 1984 immer wieder neue Varianten und ungeahnte Details abringt. Auch die besonders präzise Chronometerhemmung fasziniert den Uhrmacher. Daher entstehen pro Jahr lediglich zwei Uhren in dem Atelier von Wilhelm Rieber. Zu den jüngsten gehört das Chronometer Tourbillon – das erste fliegende Armbanduhren-Tourbillon mit Chronometerhemmung mit Feder überhaupt. Laut Rieber lag die große Herausforderung darin, die feine und hochkomplizierte Hemmung auf die Dimension einer Armbanduhr zu verkleinern.

Wilhelm Rieber (oben) fertigt alle Teile für seine Tourbillonwerke eigenhändig an. Eines seiner jüngsten Meisterwerke ist das erste fliegende Armbanduhren-Tourbillon mit Chronometerhemmung mit Feder.

WILHELM RIEBER TOURBILLONS

ANSCHRIFT: Seehausstraße 10
75233 Tiefenbronn

TELEFON: 07234 945775

E-MAIL: info@wilhelm-rieber.de

HOMEPAGE: www.wilhelm-rieber.de

GRÜNDUNG: 1984

MITARBEITER AM ORT: 1

JAHRESPRODUKTION: 2 Uhren

VERTRIEBSSTRUKTUR:
Direktvertrieb

WINDECKER

Seit 1927 führt die Familie Windecker in Oberursel ein Juweliergeschäft mit Uhrmacherwerkstatt. 2002 präsentierte man zum 75-jährigen Firmenjubiläum die erste eigene Uhr unter dem Markennamen «Windecker & Söhne» – denn Konstruktion und Entwurf von Werk (auf der Basis eines Schweizer Rohwerks) und Uhr stammen von Jürgen und Norbert Windecker, den Söhnen von Seniorchef Olaf Windecker. Seitdem gehört das Modell der Eigenmarke zum Portfolio des Familienunternehmens. Es präsentiert sich in klassisch-schlichtem Design. Diverse Werkkomponenten sowie Habillageteile werden in der eigenen Werkstatt gefertigt, wo auch die feine Finissage des Werks erfolgt. Nahezu alle Teile werden finissiert, keines bleibt im originalen Rohzustand. Alle Arbeiten erfolgen auf manuell zu bedienenden Maschinen und Werkzeugen in der hauseigenen Werkstatt. Selbst gemacht sind unter anderem die vergoldete Dreiviertelplatine mit Gravur sowie der handgravierte Unruhkloben.

Das Familienunternehmen von Olaf Windecker (links oben) und Jürgen Windecker (links) bietet eigene Uhren in klassischem Design mit sorgfältig umgebautem und dekoriertem Handaufzugswerk.

JOH. H. WINDECKER KG

ANSCHRIFT: Oberhöchstadter Str. 3, 61440 Oberursel

TELEFON: 06171 54471

E-MAIL: info@windecker.de

HOMEPAGE: www.windecker.de

GRÜNDUNG: 1927

MITARBEITER AM ORT: 4

JAHRESPRODUKTION: k. A.

VERTRIEBSSTRUKTUR: eigenes Ladengeschäft

YORK

Der kreative Unternehmer York Prinz zu Schaumburg-Lippe entwirft seine eigenen, hochwertigen Uhren und produziert sie in der gemeinsam mit Schaumburg Watch unterhaltenen Werkstatt in Rinteln. Die Kollektion der Marke York basiert auf limitierten Serien von Handaufzugsuhren mit hochwertigen Edelmetallgehäusen, sowie auf Skelettversionen und sportlich angehauchten Chronographen. Die Grundwerke stammen aus der Schweiz, werden in Rinteln jedoch aufwendig finissiert. Bei der Ausstattung der Uhren kommen hauptsächlich Zulieferer aus Deutschland zum Zuge. Der Vertrieb erfolgt über wenige ausgewählte Partner in London, Hamburg, Sylt und Düsseldorf, einen eigenen Concierge-Service sowie exklusive Veranstaltungen.

Verschwenderischer Edelsteinbesatz und opulente Gravuren auf skelettiertem Werk: Die Fort de Lippe Falcon Diamond markiert das Topsegment der Uhren von York Prinz zu Schaumburg-Lippe.

YORK WATCHES

ANSCHRIFT: Schlossplatz 6, 31675 Bückeburg

TELEFON: 0160 1188722

E-MAIL: concierge@york-watches.com

HOMEPAGE: www.york-watches.com

GRÜNDUNG: 1998/2010

MITARBEITER AM ORT: 4

JAHRESPRODUKTION: k. A.

VERTRIEBSSTRUKTUR: Direktvertrieb, Fachhandel

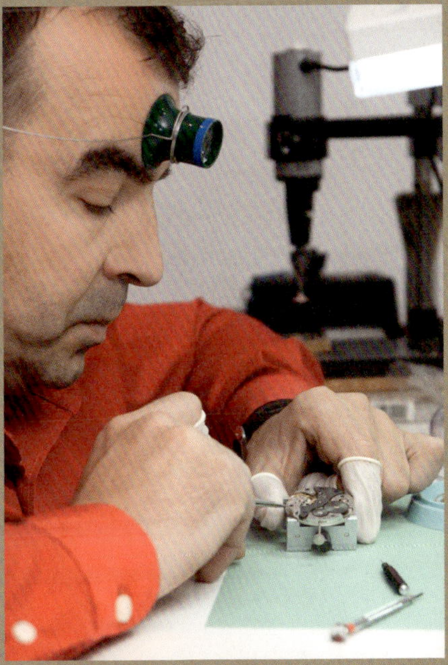

ZIB

Der Showroom des Uhrenateliers «Zeit in Berlin» befindet sich im Kunsthaus am Roten Rathaus im Osten von Berlin. Peter Schulze hat es sich zur Aufgabe gestellt, in seiner kleinen Werkstätte handgefertigte mechanische Uhren nach alter Uhrmachertradition zu bauen. Tatkräftig unterstützt durch seine Frau kümmert er sich um sämtliche Belange von der Designerstellung über die Konzeption und die Produktion bis hin zum Verkauf seiner Zeitmesser.
In Süddeutschland werden die Gehäuse (Saphirglas und Boden) und Zifferblätter hergestellt, die Armbänder kommen aus Berlin. Seine Rohuhrwerke bezieht der Uhrmacher aus der Schweiz und aus Deutschland. Diese werden in aufwendiger Handarbeit mit viel Liebe zum Detail veredelt.
Herausforderung ist für den Uhrmacher, der sein Handwerk in einer Manufaktur erlernte, die Schaffung skelettierter Unikate, die natürlich in manueller Feinarbeit entstehen. Je nach Modell werden Brücken und Kloben feingeschliffen und graviert, vergoldet oder auch altversilbert. Aufzugsräder, Schrauben und Zeiger werden über der Flamme gebläut.

Mit großer Sorgfalt und Hingabe baut Uhrmachermeister Peter Schulze seine Unikate nach alter Väter Sitte.

ZIB UHRENATELIER «ZEIT IN BERLIN»

ANSCHRIFT: Rathausstraße 21, 10178 Berlin

TELEFON: 03361 6939593

E-MAIL: info@zib-uhrenatelier.de

HOMEPAGE: www.zib-uhrenatelier.de

GRÜNDUNG: 2010

MITARBEITER AM ORT: 1

JAHRESPRODUKTION: k. A.

VERTRIEBSSTRUKTUR: nur im Kunsthaus am Roten Rathaus

INDEX

L

M

N

P

R

S

T

U

V

W

Y

Z

Zeit nehmen und Bücher lesen

Dieser Lehrbuch-Reprint gibt Zeugnis von der mechanischen Ausbildung, die Uhrmacher erleben. Uhren- und Technikliebhaber, aber auch angehende Uhrmacher finden zahlreiche Informationen zu den Themen Mechanik und Materialkunde.

ca. 554 Seiten, ca. 200 Illustrationen,
ca. 148 x 210 mm, gebunden
EUR 24,99 ISBN 978-3-95843-035-8

Ein „Hand- und Nachschlagebuch“, das 1902 erstmals erschienen ist, gehört zu den Standardwerken im Bereich der Uhrenkunde. Es sollte in der Bibliothek eines Uhrensammlers keineswegs fehlen.

456 Seiten, über 400 Abbildungen,
170 x 240 mm, gebunden
EUR 24,99 ISBN 978-3-86852-645-5

Das Buch versteht sich als praktischer Führer durch das Ausbildungsfeld des Uhrmachers. Eine echte Fundgrube und Wissensquelle für Liebhaber aller Arten mechanischer Uhren.

340 Seiten, 169 Illustrationen,
140 x 220 mm, fadengebunden
EUR 19,95 ISBN 978-3-89880-660-2

Klaus Menny stellt in dieser überarbeiteten Ausgabe dieses Buch die Technik in mechanischen Uhren von ihren Anfängen bis heute umfassend dar und bietet eine hervorragende Einführung in das Thema.

112 Seiten, ca. 120 Illustrationen und Abbildungen, 170 x 240 mm, gebunden
EUR 14,99 ISBN 978-3-86852-506-9

Dieses kompakte Buch widmet sich der detaillierten Beschreibung einer typischen Präzisions-Taschenuhr. Das Buch ist durchgehend mit Abbildungen und Illustrationen versehen.

80 Seiten, ca. 80 Abbildungen,
170 x 240 mm, gebunden
EUR 14,95 ISBN 978-3-86852-019-4

Dieses Uhrmacherfachbuch zeichnet sich durch zeitlose Aktualität aus und gehört nach wie vor in die Bibliothek jedes Uhrentechnikliebhabers oder Uhrenbastlers.

ca. 266 Seiten, ca. 200 Illustrationen,
148 x 210 mm, gebunden
EUR 19,99 ISBN 978-3-86852-829-9

Unser komplettes Buchprogramm erhalten Sie in ihrer Buchhandlung oder unter www.heel-verlag.de